U0318629

机器嗅觉技术理论及应用

贾鹏飞　贾国彬 ◎ 著

陕西新华出版传媒集团
陕西科学技术出版社
Shaanxi Science and Technology Press
西　安

图书在版编目（CIP）数据

机器嗅觉技术理论及应用／贾鹏飞，贾国彬著. —
西安：陕西科学技术出版社，2022. 4
ISBN 978-7-5369-8428-8

Ⅰ. ①机… Ⅱ. ①贾… ②贾… Ⅲ. ①智能传感器—
研究 Ⅳ. ①TP212. 6

中国版本图书馆 CIP 数据核字（2022）第 062308 号

JIQI XIUJUE JISHU LILUN JI YINGYONG
机器嗅觉技术理论及应用
贾鹏飞　贾国彬　著

责任编辑　高　曼
封面设计　人文在线

出 版 者　陕西新华出版传媒集团　陕西科学技术出版社
西安市曲江新区登高路 1388 号陕西新华出版传媒产业大厦 B 座
电话（029）81205187　传真（029）81205155　邮编 710061
http：//www. snstp. com
发 行 者　陕西新华出版传媒集团　陕西科学技术出版社
电话（029）81205180　81206809
印　　刷　三河市龙大印装有限公司
规　　格　710 mm×1000 mm　16 开
印　　张　12
字　　数　140 千字
版　　次　2022 年 7 月第 1 版
2022 年 7 月第 1 次印刷
书　　号　ISBN 978-7-5369-8428-8
定　　价　52. 00 元

前 言

人工智能作为引领未来的前瞻性、战略性技术，日渐成为国际竞争的新焦点、经济发展的新引擎，人工智能必将深刻改变人们的生活和生产方式，给全世界发展带来新的机遇和挑战。人工智能正重新改变和升级传统行业发展模式、重构创新和经济结构，逐渐成为全球经济和社会发展的强大推动力。

国际上，人工智能战略竞争态势异常严峻，美国、俄罗斯、英国、德国、日本和韩国等发达国家均将人工智能上升为国家战略。美国政府一方面发布《国家人工智能研究和发展战略计划》（2016年）和《维护美国人工智能领导地位的行政命令》（2019年），旨在保证美国在人工智能领域的领导地位，继续实现“全面领先”；另一方面，美国全面禁止人工智能领域技术和产品对我国出口，全面启动科技战争，华为、中兴和大疆等一大批企业和机构被列为出口管制。2019年10月，俄罗斯总统普京签署命令发布了《2030年前俄罗斯国家人工智能发展战略》，将人工智能技术的发展提升至国家战略高度，确保俄罗斯国家安全，提升整体经济实力，并谋求俄罗斯在人工智能领域的全球领先地位。

2017年7月，国务院发布《新一代人工智能发展规划》，明确人工智能国家战略规划，到2030年人工智能理论、技术与应用总体达到世界领先水平，成为世界主要人工智能创新中心。党的“十九大报告”进一步强调“推动互联网、大数据、人工智能和实体经济深度融合”。2018 年 10 月，中共中央总书记习近平同志在中央政治局第九次集体学习时强调指出，人工智能是引领这一轮科技革命和产业变革的战略性技术，具有溢出带动性很强的“头雁”效应。截至 2019 年 3 月份，人工智能连续第三年被写入当年的政府工作报告，并提出拓展“智能+”。

机器嗅觉，又被称为电子鼻或者人工智能嗅觉，作为一种仿生模拟哺乳动物嗅觉系统的人工智能技术，与机器视觉和语音处理等同属于模拟感官的智能技术，主要用于分析气味/气体数据，为感知世界提供一种另外的角度，机器嗅觉起源于 20 世纪 60 年代，经过近 60 年的发展，理论研究和应用实践成果丰富。早期突出其用电子技术模拟仿真生物的鼻子，因此更多地被称为电子鼻。随着人工智能技术的发展，其中涉及的人工智能算法研究越来越多、越来越深入和复杂，人工智能算法在整个系统中发挥的作用也越来越大，因而现阶段称之为机器嗅觉或者人工智能嗅觉则更为合理，本书中将其称为机器嗅觉。目前，机器嗅觉的应用场景已经包括：医疗诊断、环境监测、食品安全、生产过程控制和“三废”检测等，并取得了不错的成绩。

本书作者所在的科研团队由传感器材料、智能信号处理和嗅觉模型领域的科研人员组成，旨在响应国家号召，围绕气味/气体分析开展传感器材料、设备研制、模型和算法等方面的研究。核心研究内容包括：气敏纳米传感材料仿真、制备和测试，机器嗅觉硬件系统研发及制造，机器嗅觉算法系统中模型建立和优化，与其他系统的嵌入式融合和各种气味/气体数据库建立等。

本书的编写是为了方便入门机器嗅觉的科研工作者，同时也将我们多年的工作进行一个系统性的汇报，感谢参与本书编写的王宇、曹怀升、张峻源、徐多、杨心语、杨天宇、杨文川、张强和李四等人的辛苦付出。

虽然本书在编写过程中力求完善，但仍难免疏漏，如有任何问题，请读者见谅，并与我们联系，我们将悉心听取，并做改正。

编者

2022 年 1 月

目 录 / CONTENTS

第一章

机器嗅觉的概念、发展综述

第一节　基本概念

众所周知，我们人类可以通过多个角度来综合感知并接受各种外界环境信息，包括但不限于视觉、听觉、嗅觉、味觉和触觉等[1]，其中嗅觉对人类了解外界气味信息有着十分重要的作用。同时，嗅觉也是生物嗅觉系统对某种气体/气味产生的一种生理反应。人体对气体的嗅觉来自鼻腔中的嗅觉受体细胞，嗅觉受体细胞受到气体分子的刺激而产生的信号经过嗅觉神经传递到嗅小球，经过某种处理后，经过僧帽细胞传递到粒状细胞层，最后传递至大脑中枢的嗅觉区域[2]。嗅觉区域根据已经储备的“经验”做出判断，这个经验可能是生活经验，也可能是专业经验。图 1.1 给出人体嗅觉系统生理结构图。

嗅上皮细胞是感知气味的皮质组织，也被称为初级神经元，是人体嗅觉系统的第一组成部分[1]。它由三种细胞组成：双极性嗅觉神经元（也称受体细胞）、支撑细胞（也可被称为支柱细胞，一种神经胶质细胞）和基础细胞（如干细胞等）。其中受体细胞是嗅上

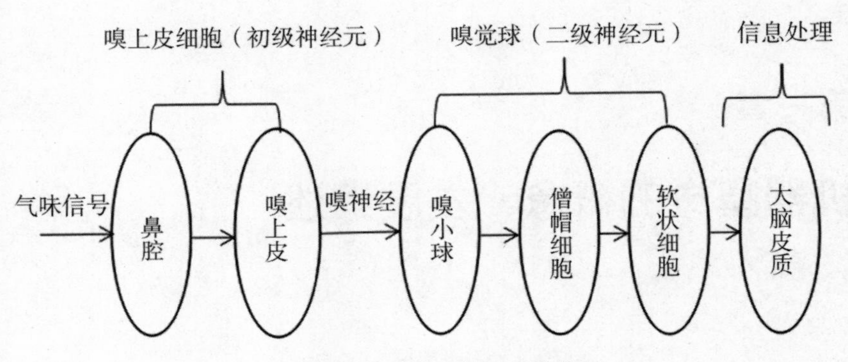

图 1.1 人体嗅觉系统生理结构图

皮组织中最重要的细胞，它直接感受气体分子，是嗅觉系统处理气体分子的第一阶段。

嗅觉球是人体嗅觉系统的第二组成部分[1]。嗅上皮组织的嗅神经元（嗅觉受体细胞）的轴突聚集在一起并且通过筛骨中的小孔到达嗅觉球。嗅觉球内部有大量复杂的球状神经原形质（称为嗅小球）形成二级嗅觉神经元。在二级嗅觉神经元中，嗅觉神经纤维连接双极细胞的轴突，嗅小球的神经纤维网；连接嗅觉感受神经元的轴突和僧帽细胞的突触。

大脑皮质是人体嗅觉系统的第三组成部分[1]。嗅觉球的信息由嗅觉管道传送到嗅前核、嗅结节、前梨状皮质和扁桃体，最后传送到处理嗅觉信号的大脑中央。然而，嗅上皮组织、嗅觉球和嗅觉神经以及下丘脑会随着年龄的增大而老化，相应的嗅觉功能也会衰退。

由于人体的嗅觉功能会随着年龄逐渐衰退，在某些需要用气味判断的东西，例如有毒气体、食品的新鲜程度等会受到影响。因此，仿生嗅觉技术出现是很有必要的。

机器嗅觉，又称为人工嗅觉系统或者电子鼻，通过模拟哺乳动物嗅觉器官来识别气体/气味。1994 年，Julian W. Gardner 给其做了如下定义[3]：电子鼻是一个具有部分专一性的传感器阵列，并结合了相应的模式识别算法构成的系统，用于识别单一成分或者复杂成分的气体或者气味。早期突出其用电子技术模拟仿真生物的鼻子，因此更多地被称为电子鼻。随着人工智能技术的发展，特别是近些年来，人工智能发展上升到国家战略，其中涉及的人工智能算法研究越来越多、越来越深入和复杂，人工智能算法在整个系统中发挥的作用也越来越大，因而现阶段称之为机器嗅觉更为合理。

完整的机器嗅觉系统由气体传感器阵列、信号处理单元和模式识别单元组成。与生物嗅觉系统相比较，气体传感器阵列相当于生物嗅觉中大量的感受器细胞，信号处理单元相当于嗅神经信号传递系统，模式识别单元相当于生物的大脑。图 1.2 给出机器嗅觉系统的完整工作流程图。

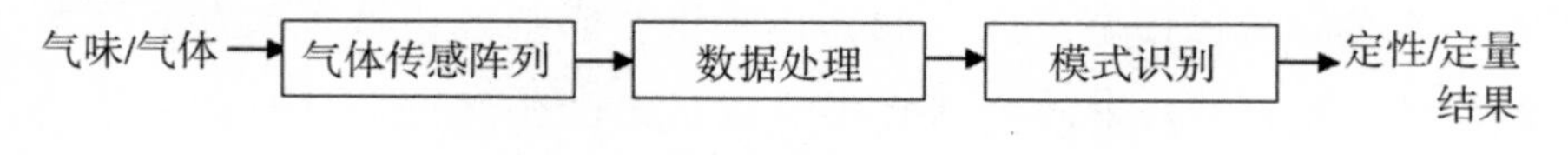

图 1.2 机器嗅觉系统工作流程图

1. 气体传感器阵列技术

近年来，随着气体传感器技术的发展，应用在机器嗅觉上的气敏传感器技术由最初的单个传感器发展到现在的多个传感器同时使用，很大程度上降低了单个传感器的性能对整个机器嗅觉的影响，极大地提高了机器嗅觉工作的稳定性。当机器嗅觉中的气敏传感器与目标气体接触时，气敏传感器会与气体/气味中的化学成分产生响应，然后会输出一个可以测量的响应电信号，该传感器阵列中，不同的传感器对不同的气体响应不同，传感器阵列输出信号含有丰富的信息。

机器嗅觉被设计用来模拟生物嗅觉功能，我们的鼻腔嗅觉受体细胞对于每一种气味都有响应，只是不同细胞对不同的气味响应程度不同，因此，在构建机器嗅觉的传感器阵列时，也要保持这个特征。同时因为待检测的气体/气味中化学成分十分复杂，如果阵列中每个传感器只对某一类气体/气味（如醇类）有响应，那将极大地限制机器嗅觉的应用范围。因此，在传感器阵列的选择上不追求高选择性，而是要具有广谱响应的特性，也即阵列中每个传感单元要能对多种气体成分产生响应，从而利用传感器的交叉敏感性，获取更多有用信息。目前，广泛地用于构建机器嗅觉的气体传感器阵列类型有：金属氧化物半导体型、电化学型、碳纳米材料型和导电聚合物型等。它们具有如下优缺点：

①金属氧化物型：优点是制作简单、成本低、具有较好的广谱响应性，是目前机器嗅觉研究中应用最多的传感器，具有代表性的商品化气体传感器厂家既有日本的费加罗公司，也有我国郑州的炜盛公司，特别是郑州炜盛公司近年来发展迅猛，其生产的传感器性能优良，基本能够满足科研和实际应用需要；金属氧化物型传感器的缺点是响应受环境温湿度影响较大，响应基准值易随时间漂移，易“中毒”，需工作在200~400℃的加热状态，随着使用时间变长，灵敏度会有所下降，寿命一般为2~3年[4]。

②电化学型：优点是灵敏度高，选择性好，目前应用得比较广泛，市场上也有该类传感器出售；缺点是寿命短，体积大，不易微型化，响应时间慢，抗干扰能力差，灵敏度会受到温度影响[5]。

③碳纳米材料型：能定量及定性分析大气中氢气和氦气等惰性气体[6]；缺点是抗干扰能力弱，某些制备方法得到的碳纳米管的生

长机理还不明确，对碳纳米管的结构还不能做到任意的调节和控制，对人体有一定的毒性[7]。

④脂涂层型：典型的有石英晶体和压电晶体型。其优点是：精确度高、灵敏度高、质量小和功耗低；缺点是测试范围小，受环境影响大[8]。

⑤导电聚合物型：优点是工作在常温下，稳定性和线性化好，易于微型化[9]；缺点是加工困难、有时间漂移、对湿度敏感和恢复时间长。

选用合适的气体传感器对于机器嗅觉识别气体/气味来说，是非常重要的。这是因为不同的环境条件下需要使用适合此环境的气体传感器，这样会降低环境条件对传感器的影响，从而达到最优的识别效果，因此科研人员和工程师，需要根据具体的应用场景，结合对设备的功耗、实时性和稳定性等要求综合做出构建气体传感器阵列的方案。

2. 数据处理和模式识别

数据处理和模式识别是机器嗅觉的“大脑”，其主要作用是挖掘隐藏在气体传感器响应数据中的关键信息，并根据这些信息做出正确的定性/定量判断。数据处理可由滤波去噪、特征提取、数据降维和参数优化等环节组成（如图 1. 3 所示）。其中，滤波去噪主要是去除传感器响应中的白噪声和背景噪声；特征提取是从传感器响应中提取出能够表征其特征的关键信息；数据降维是寻找一个低维映射，实现特征在低维空间中的重现，从而降低分类器的计算复杂度，整个数据处理过程包括上述各个环节，每个环节都存在参数，需要去设定，参数优化的作用就是在某一机器嗅觉的性能指标（如识别率，当然有时还要考虑数据分析的时长限制，此时就需要将识别率和分析时长两者结合，做成一个综合性能指标）的指导下，优化参数设定，以保证整个机器嗅觉的工作性能。数据处理的目的是从气体传感器的原始响应曲线中，获取包含特征信息丰富、维数低的“高质量”数量，从而提高模式识别算法的正确率并最大限度地降低其计算工作量。

模式识别算法在机器嗅觉系统中发挥着重要作用，主要负责对输入的数据进行定性/定量分析，统计模式识别、人工神经网络和化学计量学等大量方法都可用于处理机器嗅觉的数据，特别是近几年来，随着人工智能技术的迅猛发展，越来越多的模式识别算法被提出。

不论是数据处理还是模式识别，人工智能算法在机器嗅觉中扮演着重要的角色。在气体传感器阵列输入的气味图谱中，包含着丰富的气体成分和浓度信息，但这些信息很多都是隐形的，无法直接获取，通过人工智能算法对气体传感器阵列的输入进行滤波去噪、特征提取以及模式识别等一系列处理，使得机器嗅觉系统能够精确地辨识多种气体/气味，因此可以说气体传感器阵列和人工智能算法共同决定了机器嗅觉系统的性能。

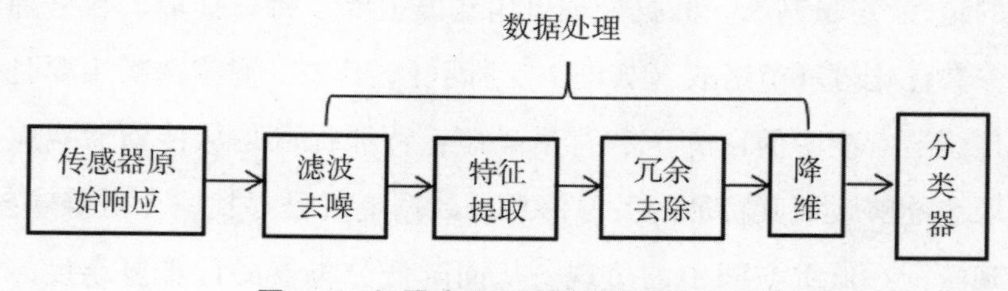

图 1.3 机器嗅觉系统数据处理流程图

第二节　发展历史和现状

1. 机器嗅觉的发展历史

在机器嗅觉的发展过程中，大量科研人员推动了机器嗅觉技术的发展，对机器嗅觉的研究有着巨大的贡献。人类对气味的探索在一定程度上推动了人类社会的发展，机器嗅觉让人类从另一个角度上去认知物质中气味的本质，同时，也加快了人工智能技术的发展。

1961 年，Moncrieff 制成了一种机械式气味检测装置，它可以检测简单的气体成分。1964 年，Wilkens 和 Hatman 利用气体在电极上的氧化还原反应对嗅觉过程进行了电子模拟，研制出世界上第一个机器嗅觉系统，这是关于机器嗅觉的最早报道。1965 年，Buck 等利用金属和半导体电导的变化对气体进行了测量，Dravieks 等则利用接触电势的变化实现了气体的测量。然而，作为气体分类用的智能化学传感器阵列的概念一直到 1982 年才由英国 Warwick 大学的 Persuad 等人提出，他们的机器嗅觉系统包括气体传感器阵列和模式识别两部分，其中传感器阵列包括三个半导体气体传感器。这个机器嗅觉系统可分辨桉树脑、玫瑰油、丁香牙油等挥发性化学物质的气味。但随后的 5 年，机器嗅觉的研究并没引起国际学术界的广泛重视。

1987 年，在英国 Warwick 大学召开的第八届欧洲化学传感研究组织年会成为机器嗅觉技术研究的重要转机。在会议上，以 Gardner 为首的 Warwick 大学气敏传感研究小组发表了传感器在气体测量方面的论文，重点提出了模式识别的概念，这引起了学术界的广泛兴趣。

随着传感器技术的不断发展，1989 年，北大西洋公约研究组织专门召开了化学传感器信息处理高级专题讨论会，包括了人工嗅觉及其系统设计这两个专题，并对机器嗅觉做了定义：电子鼻（当时被称为电子鼻，这在本书前文有解释）是由多个性能彼此重叠的气敏传感器和适当的模式分类方法组成的具有识别单一和复杂气味能力的装置。

1991 年 8 月，北大西洋公约研究组织在冰岛召开了第一次电子鼻专题会议，电子鼻技术的研究由此得到快速发展。1994 年，Gardne 发表了关于电子鼻的综述性文章，正式提出“电子鼻”的概念，标志着机器嗅觉技术进入到成熟、发展阶段。1994 年以来，历经近 30 年，机器嗅觉技术取得了突飞猛进的发展。目前对于机器嗅觉的研究主要集中在传感器及机器嗅觉硬件的设计、模式识别及其理论和不断扩大其应用领域。

近年来，国内也逐渐加大对机器嗅觉技术的研究力度，但由于研究时间相比国外而言较短，我们在了解机器嗅觉技术时需要借助国外对相关研究的报道、专业论文和嗅觉模拟技术的综述。

2. 机器嗅觉的应用领域

机器嗅觉是一种新兴的人工智能识别技术，近年来，机器嗅觉技术也受到广大研究者的关注。随着研究人员对机器嗅觉的不断深入研究，现阶段已经有了广泛的应用。

在食品工程中，机器嗅觉可应用于对蔬菜、海鲜等新鲜度的检测[10]。长期以来，人们都是依靠自身的嗅觉来判断从蔬菜和海鲜中散发出来的气味是否新鲜，然而，人的鼻子的识别过程中会受到各种各样的限制，例如，人的生理、经验、情绪和环境等因素各不相同，很难得到科学、客观、准确的结论。因此，需要一种准确、客观的识别技术来判断气体的类别。

生活环境中，有各种各样的对人体有害的污染气体。例如，刚装修的房子中含有大量的甲醛气体，如果人居住在含有高浓度甲醛气体的房子中，会有致癌的危险。机器嗅觉可以对我们所居住的环境进行实时检测[11]，可将有害气体的浓度控制在适度范围之内，保证我们的正常生活，保障人们的生命和财产安全。

在医疗诊断中，机器嗅觉可以进行伤口细菌检测[12]。据数据统计，伤口感染成为成年人死亡的一大重要因素。医生在对伤口感染进行判断时，传统的方式是细菌培养法，也就是用棉签等蘸取伤口表面脓液，放在培养皿上培养至少 48 小时，然后才能确认是否发生感染，这个过程非常耗时，早一分钟确诊感染情况，对于减轻病患痛苦都有很大意义。如果运用机器嗅觉对伤口顶空气体进行识别，从而判断出伤口是否发生感染以及感染的细菌类型，这样可有效地对症下药，使伤口快速愈合。同时，机器嗅觉还可用于诊断肺癌、乳腺癌等。使用机器嗅觉进行医疗诊断可有效地避免由于应用 X 线检查或电子计算机断层扫描（CT）等影像检查技术所存在的辐射、费用以及造影剂副作用等问题。

在海关检查中，工作人员会使用警犬去检查旅客的行李中是否携带违禁物品，如毒品和炸药等[13]。但训练和饲养警犬需要耗费很大的精力和成本，而且动物具有自身的情绪，这在检测过程中也是一个不确定的因素。因此，利用机器嗅觉技术进行检查，可以更加精确和客观地得到检测结果。据报道，现已制作出一种准确的机器嗅觉系统，其识别功能超过警犬，可以分辨出多种气体类型，并且成本低廉，可长时间使用，很好地帮助警方搜捕罪犯和搜查毒品。

综上所述，机器嗅觉技术的应用研究正在不断地深入发展，并在很多行业具有广阔的应用前景[14-16]（见表1.1）。

表1.1 机器嗅觉的主要应用领域

应用领域	应用举例
汽车	发动机控制、汽车排气质量检测
航空航天	发动机控制、机舱环境监测
农业	化肥及农药分析
化学分析	实验室日常材料化验
消防	煤矿、油田、油库、建筑物报警
生物与环保	微生物检测、土地、水、空气污染检测
化工控制	药品、化工材料的生产
质量控制	饮料、烟草、食品质量检测
安全	公安、海关检测，毒气、爆炸性气体检测

到目前为止，尽管有许多研究者在机器嗅觉技术的领域中做出了巨大贡献，也获得了一些重大的研究成果，但是机器嗅觉是一个非常复杂的技术，它融合了计算机技术、传感器技术、应用数学和人工智能等多个学科领域的相关知识，因此，还存在许多需要研究者去解决的问题，下面是本书作者总结的部分需要解决的问题：

①人类对哺乳动物的嗅觉机理尚未完全明了，需要对目前建立的机器嗅觉模型进行优化，并进一步对动物嗅觉进行研究。

②机器嗅觉传感器阵列中的气敏传感器在重复性、稳定性和抗干扰性等方面的性能还有待于改进和提升。

③在特征提取过程中，需设计出更好的算法，将尽可能多的特

征信息提取出来，从而提高最后的识别精度。

随着传感技术、信息处理和人工智能技术的发展，且随着人类对嗅觉过程的了解不断深入，我们有理由相信，机器嗅觉技术必将更加完备，功能会逐渐强大，未来必会满足人类的日常生产和生活的需要。

第二章

机器嗅觉的硬件构成及采样实验

完整的机器嗅觉系统由硬件系统和智能算法系统组成，其中硬件系统是机器嗅觉实现相应功能的基础，在硬件设备上开展的气体/气味采集实验可为机器嗅觉智能算法系统的训练提供样本数据。

机器嗅觉硬件系统由气路系统和电路系统两部分组成，其中气路系统是由微型气泵、三通阀、流量计和气室等组成，电路系统包括传感器及电路、模数转化（AD）模块和电脑端等。机器嗅觉硬件系统如图 2.1 所示。

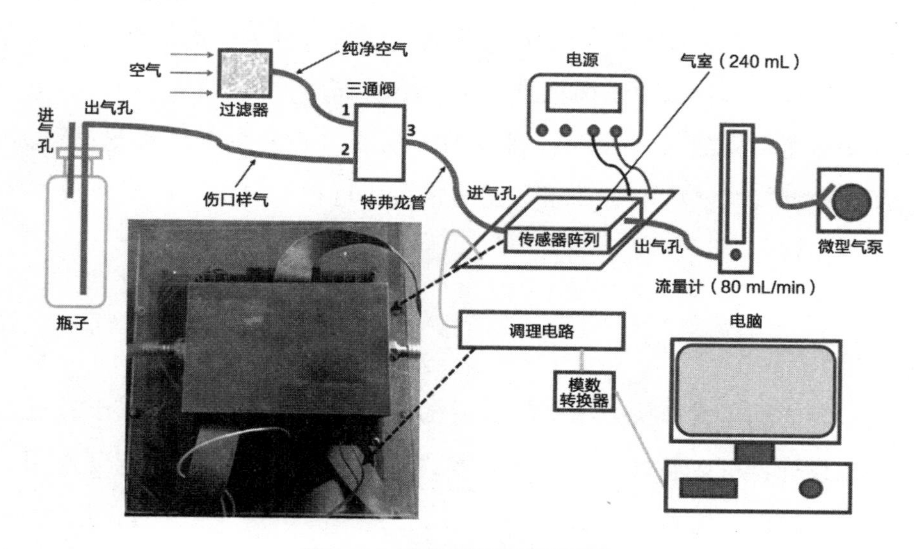

图 2.1　机器嗅觉硬件系统图

第一节 气路

1. 微型气泵

微型气泵主要负责将目标待测样气或纯净空气吸入气室，在气室中让目标待测气体与气体传感器阵列发生反应，输出对应的电信号。需要注意的是当进行有毒气体/气味分析时，气泵的输出端要连接废气收集器，以防止有毒气体/气味扩散到空气中，造成环境污染或人身伤害。另外就是气泵的放置位置，当待分析的样气流经微型气泵时，会与泵体内部发生接触，有可能会导致气体分子黏附在泵体内表面，这样当下一种样气流经泵体时，会受到干扰，因此可将微型气泵放于整个气路系统的最后，这样即使泵体内表面黏附气体分子，也不会干扰流经气室的气体成分，或可将泵体做成特氟龙材质，这种材料被认为表面极度光滑，不会黏附任何气体分子，如果是特氟龙材质的泵体或者普通微型气泵的内表面涂有特氟龙材料，那么微型气泵就可不必放于气路最末段，可根据设备设计需要放在适当位置。

2. 三通阀

三通阀负责切换纯净空气或目标待测样气流经气室，属于二进一出设计，可以通过手动切换的方式实现气路切换，当然也可选用电磁三通阀。电磁三通阀在不通电时，是 1 号口进气，3 号口出气，在通电时就变成 2 号口进气，3 号口出气，通过编程控制通电与否实现纯净空气与目标待测样气的切换。同样的，为了避免三通阀的内表面黏附气体分子，从而干扰气室内的传感器反应，应采用特氟龙材质的三通阀或者普通三通阀内表面涂有特氟龙。

3. 流量计

气路系统的流量计负责控制气体的流速，有多种流量计可供选择，如果待分析的目标气体具有腐蚀性，那么要注意被选中的流量计能否抗腐蚀。玻璃转子流量计是一种常用的流量计（结构如图 2. 2 所示），由一根锥形的玻璃管和一个可上下自由移动的浮子组成。当气体从下而上流经锥形管时，就被浮子节流，在浮子的上下端之间产生一个压差。浮子在压差作用下上升，当浮子的上、下压差与其所受的黏性力之和等于浮子所受的重力时，浮子就处于某一高度的平衡位置，当气体流量变大时，浮子就会上升，浮子与锥形管间的环隙面积也随之增大，因此浮子在更高的位置上重新达到受力平衡，所以气体的流量可用浮子升起的高度表示。

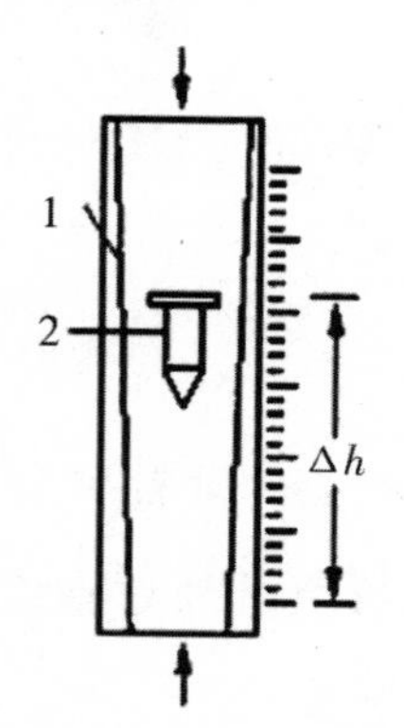

1.锥形玻璃管；2.浮子

图 2. 2　玻璃转子流量计结构图

4. 气室

气室内部装有气体传感器阵列，是目标气体与传感器接触并发生反应的地方，为防止气体分子的黏附，气室采用特氟龙或 304 不锈钢制成，不锈钢内表面还是建议涂有特氟龙。气室的侧面开有两个气孔，接转接头，一个作为进气孔，另一个作为出气孔，转接头也建议采用特氟龙材质。气室的三维图如图 2.3 所示，其中气室的形状可根据实际自行决定。

图 2.3　气室 3D 图

5. 气管

连接流量计、气室和微型气泵的气管是气体流经的管道，不论是纯净空气还是目标待测样气都通过管道在系统中流动，为避免管道黏附气体分子，建议采用特氟龙气管。

6. 气路系统的作用

机器嗅觉的气路系统的作用是保证气体以稳定的速度经过气室，保证每个传感器与气体充分接触。当采用泵吸式进行气体/气味采集实验时，微型气泵将目标气体/气味吸入气室中，气室内的传感器阵列将气体/气味信号转化为电信号，经过调理电路、数据采集电路后送到电脑进行存储、显示和分析处理。其中，用于清扫传感器的纯净空气和目标待测样气通过三通阀进行切换。

第二节　气体传感器及电路

气体传感器是机器嗅觉系统感知气体/气味的关键器件，单个气体传感器在测试混合气体/气味或有干扰气体/气味存在等情况下，难以得到较高的定性/定量检测精度。机器嗅觉技术中的首要问题便是根据特定应用来选择气体传感器，构建气体传感器阵列。机器嗅觉利用气体传感器阵列对不同气体的整体响应模式来辨别气体，因此，在构建传感器阵列时，不要求所选的气体传感器对某种或某类气体/气味具有很强的选择性，而是要利用其对多种气体/气味具有交叉敏感性[17]。在确定传感器阵列时，所选择的气体传感器应满足以下要求[18]：

①高灵敏度，能够对待测气体产生响应。

②具有交叉敏感性，既保证一个传感器对多种待测气体有响应，又保证不同的传感器对同一种气体的响应有所不同。

③响应速度快，可重复性好。

④稳定性好，其响应受环境干扰因素的影响尽可能小。

表 2.1 中所示是某个机器嗅觉系统的传感器阵列中选用的 15 个传感器:

表 2.1　气体传感器阵列组成及各传感器敏感气体

序号	传感器	敏感气体
1	TGS813	甲烷、丙烷、异丁烷
2	MQ135	氨、硫化物、苯系、丙酮、甲苯、乙醇、一氧化碳
3	TGS816	氮氧化物、汽车尾气
4	MQ136	硫化氢
5	TGS822	乙醇、有机溶剂
6	MQ137	氨气
7	TGS2600	乙醇、一氧化碳
8	TGS2602	挥发性有机污染物（VOCs）、硫化氢、氨气
9	TGS2610C	甲烷、可燃性气体（不带酒精过滤器）
10	MS1100	芳香化合物，如甲苯、甲醛，苯
11	TGS2620	有机溶剂蒸气、可燃气体、甲烷、一氧化碳、氢、乙醇、异丁烷
12	MP135A	氢气、酒精、一氧化碳
13	MP4	甲烷、天然气
14	TGS2611E	甲烷、丙烷、异丁烷（抗酒精）
15	MP503	酒精、烟雾、异丁烷、甲醛

每个气体传感器都可找到其对应的数据手册，里面详细地记录着传感器的所有相关信息，下面简单介绍日本费加罗公司生产的 TGS822 传感器。TGS822 传感器的气敏元件是一种二氧化锡半导体，在清洁空气中其导电性较低。在有可探测气体存在的情况下，传感器的导电性随目标待测气体浓度的增加而升高。一个简单的电路（如

图 2.6 所示）就可以把电导率的变化转换成与气体浓度相对应的输出信号，同时，TGS822 对有机溶剂和其他挥发性气体具有很高的灵敏度。它还具有对各种可燃气体（如一氧化碳）的敏感性，这使得它成为一个良好的通用传感器。TGS822 传感器具有如下基本特征：

①对乙醇等有机溶剂蒸汽高度敏感。

②高稳定性。

③寿命长，成本低。

④使用简单的电路。

TGS822 传感器的实物如图 2.4 所示。

图 2.4　TGS822 实物图

TGS822 传感器的结构和尺寸如图 2.5 所示。

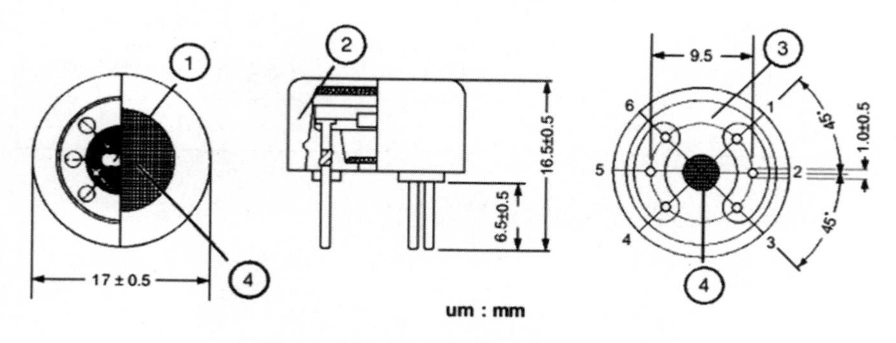

图 2.5　TGS822 传感器的结构和尺寸

TGS822 传感器中基本的测量电路如图 2. 6 所示。图 2. 6 中传感器符号周围的数字与图 2. 5 所示的引脚数字相对应。当传感器按基本测量电路连接时，负载电阻（V_{RL}）的输出随着传感器电阻（R_S）的减小而增大，这取决于气体浓度。

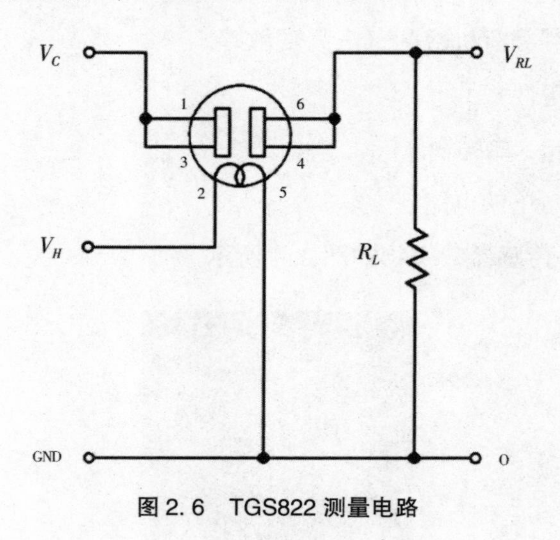

图 2. 6 TGS822 测量电路

其中，基本测量电路所要满足的条件见表 2. 2：

表 2. 2 测量电路的标准电路条件

名称	代表	评估值	附注
加热器电压	V_H	5. 0±0. 2V	交流或者直流电压
电路电压	V_C	最大 24V	直流电压且 P_s ≤15mW
负载电阻	R_L	变量	0. 45kΩ/min

TGS822 传感器的电器特征见表 2. 3：

表 2.3　TGS822 传感器的电器特征

名称	代表	条件	范围
传感器电阻	R_S	乙醇在 300ppm/空气	1kΩ~10kΩ
传感器电阻改变率	R_S/R_O	$\frac{R_S(\text{乙醇在 300ppm/ 空气})}{R_S(\text{乙醇在 50ppm/ 空气})}$	0.40 ±0.10
加热器电阻	R_H	室温	38.0±3.0Ω
加热器功率消耗	P_H	$V_H=5.0\text{V}$	660mW

其中，传感器电阻（R_S）的计算式如式（2.1）所示：

$$R_S = \left(\frac{V_C}{V_{RL}} - 1\right) \times R_L \tag{2.1}$$

气体传感器的电极之间功耗（P_S）的计算公式如式（2.2）所示：

$$P_S = \frac{V_C^2 \times R_S}{(R_S + R_L)^2} \tag{2.2}$$

第三节　数据采集卡

气体传感器阵列的测量电路输出的信号是模拟信号，在将模拟信号输入电脑端进行存储和显示，或者输入嵌入式芯片处理之前，必须将信号从模拟形态变成数字形态，这就用到模数转化模块，或者直接购买数据采集卡，常用的数据采集卡包括 USB 口和串口等，按照采样精度可以分为 8 位、16 位甚至 64 位精度（当然采集卡的售价与位数精度成正比，精度越高，售价越高），一般数据采集卡自带一个简易的电脑端操作界面，也可完成数据的接收、显示和存储功能，研究人员可以借用这个界面，当然也可以自己开发界面，这就要用到第四节介绍的内容，不过如果需要二次开发最好在购买采集卡的时候与卖家沟通清楚，确认该采集卡支持二次开发，并且可提供对应编程语言的示例和相应接口协议等。

第四节　电脑端界面

机器嗅觉系统在电脑端的软件程序主要包括主界面气味曲线显示、机器嗅觉操控台、串口设置、历史数据查询和主成分分析等模块。操作界面可以让我们更加简单地操作机器嗅觉去识别和分析气体/气味。如果要在电脑端编写一个操控机器嗅觉的图形界面，可以采用 LabVIEW 软件。

1. LabVIEW 简介

LabVIEW 是 Laboratory Virtal Insrument Engineering Workbench 的缩写，是一种用图像图标模块代替文本编程（例如 C 语言等）的图形化编程语言，同时它也指该语言下的一个开发平台。通过动手搭建一个个表示函数的图标、连接图标间的数据流连线，就能实现它的主要功能——开发、测量和控制系统。这样的编程方式被称作图形化编程。同时，LabVIEW 也是一种虚拟仪器开发平台，功能强大、操作灵活。“软件即仪器”这句话则是说它能够用电脑模拟仪器，例如示波器、万用表、一台电脑、加上外部的连接，就能够模拟出丰富多样的仪器。所以，掌握了 LabVIEW 就像拥有了一个属于自己的实验室，且具有的功能比传统的实验室有过之而无不及。

2. LabVIEW 实例展示

图 2.7 所示是一个虚拟示波器，它能手动设置输入信号的相关参数模拟输入信号，并在波形图中显示，同时它还能快速分析出傅里叶变化下的功率谱、功率谱密度。除了展示出的功能，还能根据需要，随时在程序中修改，对信号进行更深入的分析或者采集真实信号，在电脑上便能完成想要的功能。

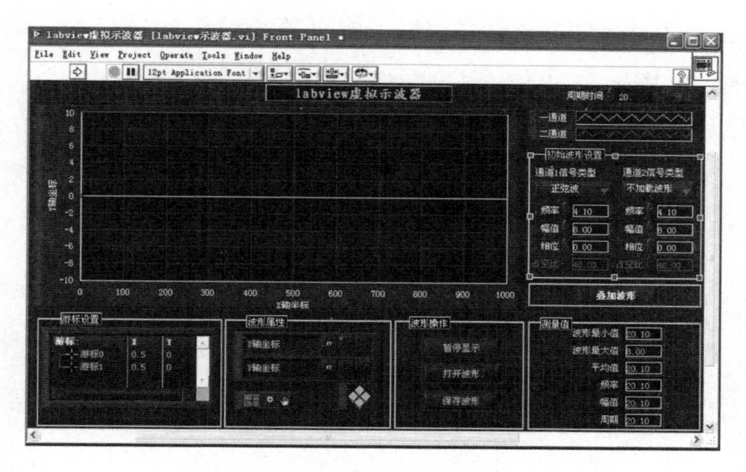

图 2.7　虚拟示波器前面板

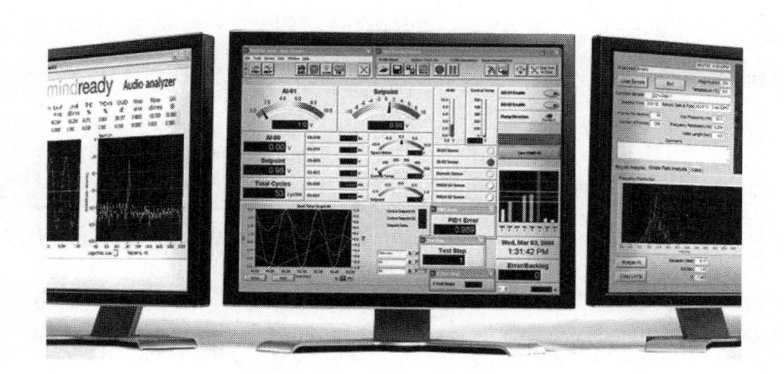

图 2.8　使用 LabVIEW 编写的程序

当对 LabVIEW 有了更多的了解之后，可以做到让程序的颜值与内在相当。图 2.8 设计的程序不仅做出了一套功能完备、丰富的测控系统，并且能够拥有一个整洁规范、让人赏心悦目的展示界面。

在机器嗅觉系统中，基于 LabVIEW 编程的电脑端界面主要负责存储、显示和保存气体传感器的数据，同时也可查看历史数据文件，并且调用历史数据文件进行数据的主成分分析等。不过目前阶段的大部分的机器嗅觉数据分析工作还是在 MATLAB 或者 Python 平台上离线进行的，当训练过程完成后，便可获得理想的特征提取和模式识别模型，用于之后的应用数据监测和分析。

第五节　气体采样实验

机器嗅觉系统的采样方式或者说气体传感器与目标待测气体/气味的接触方式分为两种：扩散式和泵吸式，其中扩散式不需要上述的气路系统，直接将传感器阵列暴露在目标检测气体环境中，与目标待检测气体接触即可；而泵吸式则需要将目标待测气体通过上述的气路系统吸入气室中，与气体传感器发生接触，并且伴有纯净空气对气体传感器的吹扫过程，本节将详细介绍泵吸式工作方式的整个采样过程。

在每次气体采样实验之前，首先要将机器嗅觉系统的气室温湿度保持在一个固定值，当然这需要在气室内加装温湿度的传感器和温湿度调节的装置，能够控制气室内的温湿度条件，一般我们将温度设定为 25℃，湿度设定为 40%，但这并不是固定的，研究人员可根据自己的实验需要设置气室内的温湿度环境。另外为了达到理想的实验效果，有时我们也需要控制机器嗅觉设备放置的实验室内环境处于一个相对平稳的状态（如室内温湿度相对恒定；采样实验进行时人员尽量不要走动，以免造成气体响应波动；实验操作员不要喷抹有强烈气味的化妆品；严格禁止在实验室进食等）。然后就可以开展采样实验了，整个泵吸式采样实验可以分成如下三步：

第一步：向气室内通入纯净空气，并且持续一定的时长，这个阶段被称为基线阶段，其中纯净空气作为基线气体，当然也可以选择使用纯净的氮气作为基线气体，通气持续时长由科研人员自己确定，一般要求所有的传感器的响应曲线都趋于平稳，才能进入下一个步骤，如果长时间未使用机器嗅觉设备进行采样实验，那么首次采样实验进行前，需要对气体传感器阵列进行预热，预热时间根据所购买的传感器厂家提供的数据手册来确定，一般是2~24h左右。

第二步：通过手动或者电动三通阀切换气路，将目标待测样气通入气室，这个过程需要持续一段时间，一般以各气体传感器的响应达到时域最大值并且持续一段时间为最佳，但是要控制好总时长，如果目标待测样气的浓度很高，那么长时间的接触可能使传感器发生中毒，从而影响其后续性能甚至是使用寿命。

第三步：通过手动或者电动三通阀切换气路，再次将纯净空气（或者氮气）通入气室中，进行气体传感器的清扫，这个过程需要持续一段时间，一般是以各传感器的响应曲线重新下降到平稳为佳，清扫就是让气体传感器恢复到通入目标待测样气之前的状态，为下一次实验做准备。

如图2.9所示就是当甲醛引入气室时各气体传感器的响应（图中传感器阵列的维数是4，四个传感器的具体型号见图右上角）。当目标气体开始通过传感器阵列时，每个响应曲线从第三分钟开始明显上升，当第七分钟纯净空气被导入气室用来吹扫清洗各气体传感器时，各气体传感器的响应值开始下降并最终恢复到基线。

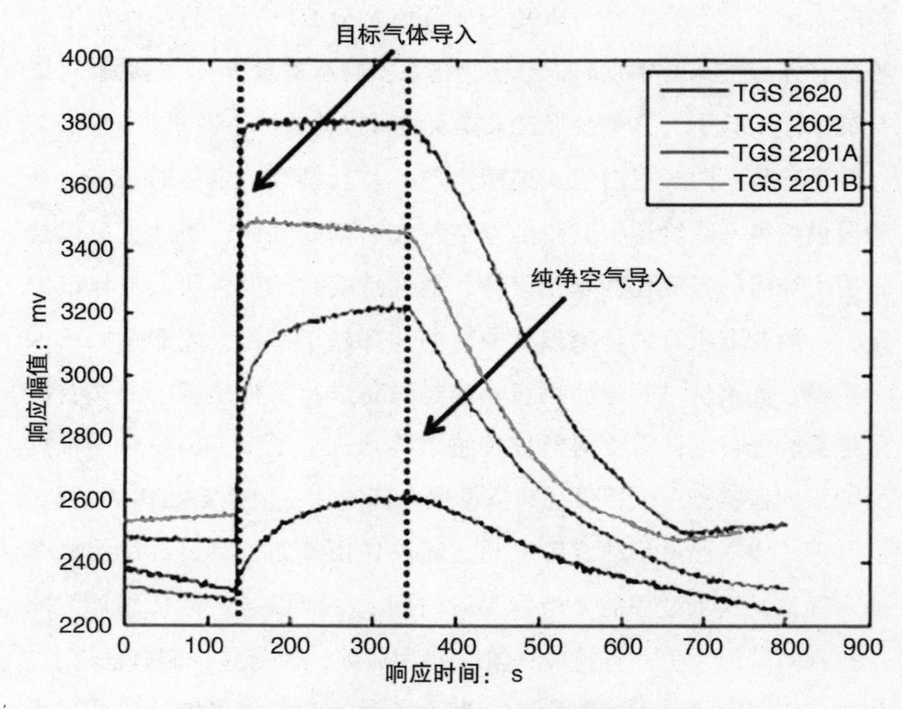

图 2.9 泵吸式采样传感器阵列的典型响应曲线

第三章

特征提取

在机器嗅觉系统获取数据的时候，我们为了降低单一传感器性能对整个系统的影响，一般会选择响应值存在重复覆盖的气体传感器构成阵列，也就是在获取数据的时候，为了保证单一传感器响应对系统整体性能的影响在可控范围内，会构建一个冗余的气体传感器阵列，因而导致获取的气体传感器原始响应中，各传感器的响应之间存在冗余；另外对于每个气体传感器来说，一次完整的气体采样实验会获得几百甚至上万个数据值，但并不是每个数据值在后续分析中都是同等重要的，因而应从这几百甚至上万个数据值中找到最优价值的数据值。因此从上面两个原因出发，我们在得到气体传感器阵列的原始响应数据后，需要对数据进行特征提取，发掘那些能够表征气体传感器响应特性的数据值，也就是从数据规模庞大的原始气体传感器响应数据中提取获得一个维数相对较低的特征矩阵。

在典型的机器嗅觉的算法系统中，特征提取是重要环节，一般至少包含从原始响应中获取特征的初级特征提取步骤，有时为了进一步提高输入到模式识别环节的数据质量，还需对初级特征提取获得的特征集或特征矩阵再进行一次特征提取，将二次特征提取获得的特征集或特征矩阵再送入到模式识别环节。

第一节 初级特征提取

理想的特征，就是指能较为全面地体现待识别对象内在性质的特征。所谓理想的特征应该做到把该对象所在类别和其他类别很好地区分开来。初级特征提取就是把原始输入数据通过某种方法重新组合，变成个数相对较少的新的数据集，并输入到模式识别当中。对原始响应曲线进行特征提取可以找到能有效代表样本信息的特征集，进而提高模式识别的效率。当气体传感器阵列与目标待测样气接触反应后，机器嗅觉系统将非电物理信号转化为电物理信号，气体传感器的输出信号被认为代表了目标待测样本的信息，同时也包含了较多冗余信息，这些冗余信息在感知环节，可以保证阵列受单一传感器的影响不大，但是在数据处理环节，这种冗余不能应用于样本的定性/定量识别，因此传统的人工智能算法中需要将气体传感器的响应输出值进行特征提取，之后再输入到模式识别中。当然随着深度学习理论的发展，例如卷积神经网络等可以做到直接利用原始数据进行模式识别，有兴趣的读者可自行查阅资料了解，本章所提的特征提取是指典型的机器嗅觉算法系统里面必须包含的重要环节。特征提取通过对数据进行适当的处理，提取出最能代表样本信息的特征，输出得到特征集或特征矩阵。一般情况下，将特征集或特征矩阵送入模式识别环节得到的定性/定量识别结果要好于直接将原始数据送入模式识别环节。特征提取可在不牺牲样本信息量的前提下得到数量较少的几个综合的特征参数，降低模式识别环节需处理数据的复杂度，从而提升模式识别环节的识别正确率和处理效率，所以在模式识别之前，进行特征提取是有必要的。

1. 时域特征提取

时域特征提取是基于传感器阵列的时域原始响应曲线进行的，时域原始响应曲线涵盖了传感器在整个采样周期的完整响应，然而并不需要将传感器响应曲线上的所有点都输入模式识别环节中进行分析，只需选择最能表征响应曲线的特征。基于时域原始响应曲线的基本特征提取方法包括：时域稳态响应最大值、响应曲线的上升和下降斜率以及响应曲线的积分等。

时域稳态响应最大值是最常用的特征，它不仅简单易获得，而且具有重要的物理意义，是区分目标待测气体中不同气体的具体种类及各自浓度的最关键信息，它反映的是气体传感器响应达到平衡状态的最终稳态信息，一般气体传感器的数据手册都建议将传感器的时域稳态响应最大值作为表征传感器响应的特征。

响应曲线的斜率具有特定的物理意义，它反映的是不同的气体传感器反应过程中的动力学信息，代表了传感器对目标待测气体响应速率的快慢，斜率的表达式可如式（3.1）所示：

$$K = \frac{a - b}{x_2 - x_1} \tag{3.1}$$

其中，a 代表时间坐标为 x_2 时所对应的值，b 代表时间坐标为 x_1 时所对应的值，a 与 b 的差比上 x_2 与 x_1 的差就是两点间的斜率。响应曲线的上升沿斜率反映的是目标待测气体分子的吸附速率，而响应曲线的下降沿斜率反映的是目标待测气体分子的解吸附速率，这两个速率都可以作为特征进行提取。

2. 变换域特征提取

变换域特征提取也是比较常见的机器嗅觉特征提取手段，具有频率特性的特征往往也被应用于模式识别当中，并且会取得不错的识别效果。与基于时域响应曲线的特征提取方法相比，变换域特征提取的数据处理过程较为复杂，同时计算量也有所增加，当然对于电脑来说，这个计算量的增加是可以承受的，但是如果负责处理数据的是一些嵌入式的处理器时，可能会增加数据处理的时长，甚至会造成设备的卡顿或死机，这对于要求实时性的应用场景来说是无法被接受的。因此到底选择提取时域特征还是变换域特征，要综合考虑计算复杂度、目标场景对实时性和识别精度等方面的要求。

小波变换被广泛认为是一种非常有效的分析信号细微变化的工具，它具有良好的时频局部化特性，可将数据或者信号分解到不同的频带，并使用与之相匹配的分辨率对每一频带进行研究。

小波变换继承和发展了窗口傅氏变换时域、频域局部化的思想，同时又克服了窗口大小不能随频率变化、没有离散正交基等缺点。小波基函数相当于一个窗口傅氏变换里面的窗函数，小波基函数的平移相当于窗函数的平移，它既有随频率变化的自适应窗口（低频区有大的时域窗口，高频区有小的时域窗口），又具有离散化的规范正交基，可以说小波变换是非常理想的时频分析工具。

假设用 Z 和 R 分别表示整数集和实数集，对任意信号 $f(x) \in L^2(R)$ ，其连续小波变换可描述为[19]：

$$W_f(a,\ b) \leq f(x),\ \psi_{a,\ b}(x) \geq \frac{1}{\sqrt{|a|}}\int_R f(x)\ \overline{\psi(\frac{x-b}{a})}\,\mathrm{d}x \tag{3.2}$$

其中，$\psi_{a,b}(x)$ 是连续小波基函数，且 $\psi_{a,b}(x)= a^{-\frac{1}{2}}\psi_{a,b}(\frac{x-b}{a})$ ，如果对 $\psi_{a,b}(x)$ 中的参数 a，b 离散化，取 $a=2^j$，$b=k\cdot 2^j$，j，$k\in \mathrm{Z}$ ，则可以得到离散小波基函数：

$$\psi_{j,k}(x)=2^{-\frac{j}{2}}\psi(\frac{x-k\cdot 2^j}{2^j})=2^{-\frac{j}{2}}\psi(2^{-j}x-k),\quad j,\ k\in \mathrm{Z} \tag{3.3}$$

据此可得到离散小波变换：

$$W_f(j,\ k)\leqslant f(x),\ \psi_{j,k}(x)\geqslant 2^{-\frac{j}{2}}\int_R f(x)\,\overline{\psi(2^{-j}x-k)}\,\mathrm{d}x \tag{3.4}$$

由式（3.4）可以看出，每计算一个小波系数就要进行一次定积分运算，计算工作量非常大。Mallat 在多分辨分析（multi-resolution analysis，MRA）[20]的基础上，于 1989 年给出了计算小波系数的快速递推算法——Mallat 算法。该算法主要利用 MRA 中空间塔式分解的多分辨特性，将计算小波系数与滤波器相结合，极大地简化了小波系数的计算过程，为小波理论的应用提供了一条捷径。

假设空间序列 $\{V_j\}_{j\in Z}$ 是 $L^2(R)$ 的一个多分辨分析，$\varphi(x)\in L^2(R)$ 为尺度函数，函数系 $\{\varphi_{j,k}(x)=2^{-\frac{j}{2}}\varphi(2^{-j}x-k)\}_{j,k\in Z}$ 构成 V_j 的一个规范正交基。不失一般性，假设 $f(x)\in V_J=span\{\varphi_{J,k}\}_{k\in Z}$ ，则有：

$$f(x)=\sum_{k\in \mathrm{Z}} c_{J,k}\varphi_{J,k}(x) \tag{3.5}$$

其中，$c_{J,k}=\langle f(x),\ \varphi_{J,k}(x)\rangle$ 。根据多分辨分析有：

$$V_J=W_{J-1}\oplus V_{J-1}=\cdots=W_{J-1}\oplus W_{J-2}\oplus\cdots\oplus W_{J-M}\oplus V_{J-M},\quad J,\ M\in Z \tag{3.6}$$

其中，$\{W_j\}_{j\in Z}$ 是 $\{V_j\}_{j\in Z}$ 的正交补空间。式（3.5）可用图 3.1 表示。

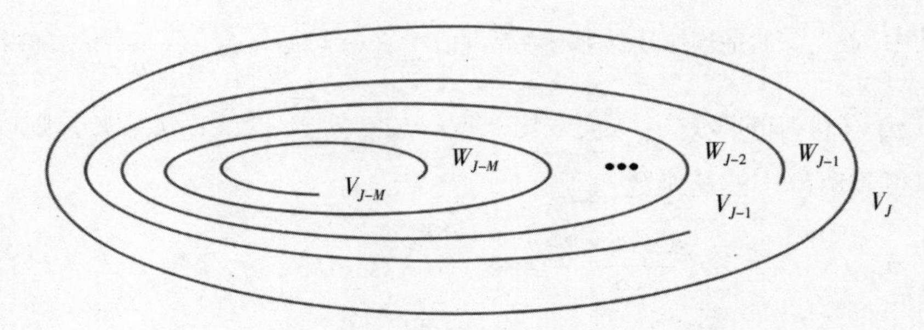

图 3.1 多分辨分析示意图

因此，$f(x)$ 可表示为：

$$f(x) = \sum_{J-M\leqslant j<J} \sum_{k\in Z} d_{j,k}\psi_{j,k} + \sum_{k\in Z} c_{J-M,k}\varphi_{J-M,k} \tag{3.7}$$

其中，$\psi(x)$ 为小波函数，$\psi_{j,k}$ 为 W_j 的基函数。若 $\psi_{j,k}$ 构成 W_j 的一个规范正交基，则有 $d_{j,k} = \langle f(x), \psi_{j,k}(x) \rangle$。令：

$$g_j(x) = \sum_{k\in Z} d_{j,k}\psi_{j,k} \in W_j \tag{3.8}$$

$$f_j(x) = \sum_{k\in Z} c_{j,k}\varphi_{j,k} \in V_j \tag{3.9}$$

则式（3.6）可以改写为：

$$f(x) = \sum_{J-M\leqslant j<J} g_j + f_{J-M} \tag{3.10}$$

该式将 $f(x)$ 用不同的分辨层的函数叠加起来表示。双尺度方程和小波方程可写成如下形式：

$$\varphi(x) = \sqrt{2}\sum_n h_n\varphi(2x-n) \tag{3.11}$$

$$\psi(x) = \sqrt{2}\sum_n g_n\varphi(2x-n) \tag{3.12}$$

其中，h_n，g_n 为小波滤波器系数。由式（3.11）和式（3.12）可以得到：

$$\varphi_{j,k} = \sum_n h_n\varphi_{j+1.2k+n} \tag{3.13}$$

$$\psi_{j,k} = \sum_n g_n\varphi_{j+1.2k+n} \tag{3.14}$$

根据式（3.13）和式（3.14），可得到如下的系数关系：

$$c_{j,k} = \sum_{n} \bar{h}_{n-2k} c_{j+1,n} \tag{3.15}$$

$$d_{j,k} = \sum_{n} \bar{g}_{n-2k} \varphi_{j+1,n} \tag{3.16}$$

利用分解算法可由式（3.5）中的 $\{c_{J,k}\}_{k\in Z}$ 计算出式（3.7）中各个分辨层上的小波展开系数 $\{d_{j,k}\}_{k\in Z}(j=J-1, J-2, \cdots, J-M)$ 和在尺度子空间的尺度函数展开系数 $\{c_{J-M,k}\}_{k\in Z}$。其中，式（3.15）和式（3.16）的计算过程可用图 3.2 表示。

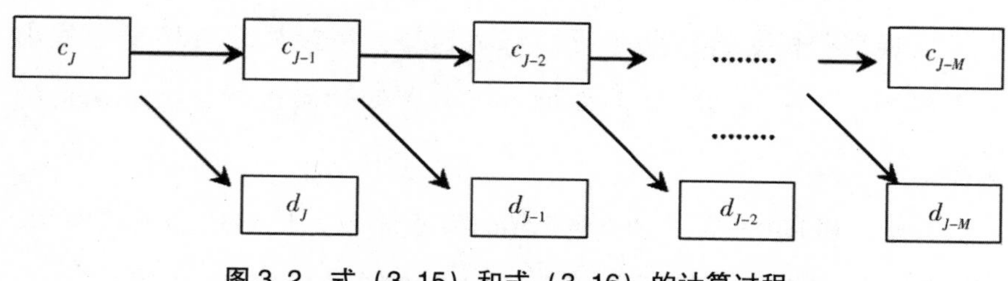

图 3.2　式（3.15）和式（3.16）的计算过程

3. 拟合曲线特征提取

机器嗅觉的气体传感器的响应曲线可以认为是用描点法获得的，也就是说在绘制的时候，我们没有得到响应曲线的数学表达式，基于拟合曲线的机器嗅觉特征提取方法，就是采用适当的模型来拟合传感器原始响应曲线，然后提取数学模型的参数作为特征来表征气体传感器的响应特征。常见的曲线拟合模型有很多，比如传统的多项式模型、指数模型、分式函数模型和 S 型函数模型等，当然研究者也可根据自己的需要，自建合适的拟合模型。

曲线拟合的目标就是要找到一个合适的数学表达式，这个数学表达式的曲线可以近似地接近于平面上离散点组形成的曲线（也就是前文提到的用描点法获取的曲线）的形状，而且这个数学表达式就是离散点坐标之间的函数关系，是一种有效的数据处理方法。曲线拟合方法的基本思想是根据给定的离散点的趋势来确定合适的拟合函数，而且不仅仅只参考离散点的信息。曲线拟合一个重要而且很复杂的问题在于如何选择一个合适的未知函数作为拟合模型。虽然这并没有严格的数学规律和理论可遵循，然而，有两种原则是普遍遵循的：

①具体分析变量的物理概念，利用自己对专业知识的深入理解或以往经验来确定函数的类型；

②观察分析实验数据曲线的基本趋势，然后从现有模型中找出一个最为接近于曲线形状的模型，这个模型的函数就是拟合函数的类型。

Tomas Eklov 等人[21]在 1997 年时发表文章，提出用多项式模型、指数模型和高斯模型等对传感器的响应曲线进行拟合。L. Carmel 等人采用[22]建模方式，对气体传感器的响应过程进行建模，并将建立的模型用于拟合传感器的响应曲线，拟合的效果比较理想。这种根据气体和传感器的实际反应情况来建立模型，并把建立的模型用来拟合气体传感器响应曲线的方法，在拟合效果方面比其他现有的模型要好出很多。但是用建模的方法来对传感器曲线进行拟合也有一些不足，比如没有考虑排气过程中传感器的响应，以及在模型建立的时候人为地假设了很多东西。

在具体阐述曲线拟合的方法之前，我们先要清楚两个概念：插值和拟合。它们的共同点是都通过已知一些离散点集 M 上的约束，求取一个定义在连续集合 S（M 包含于 S）的未知连续函数，从而发掘离散点集的规律。

插值就是指已知某函数在若干离散点上的函数值或导数信息，

通过求解该函数中待定形式的插值函数以及待定系数，使得该函数在给定离散点上满足约束条件。插值函数又称为基函数，定义在整个定义域上的基函数叫作全域基，否则叫作分域基。如果约束条件中只对函数值存在约束，那么就叫作 Lagrange 插值，否则叫作 Hermite 插值。而拟合就是指已知某函数的若干离散值，通过调整该函数中若干待定的系数，使该函数最接近已知点集。如果待定函数是线性的，那么就叫线性拟合或线性回归，否则就叫非线性拟合或非线性回归。另外，获取的数学表达式也可是分段函数，这样的拟合叫作样条拟合。

从几何意义上来看，插值就是要找到一个或几个分片光滑的连续曲面来穿过给定的空间中的特定点；而拟合就是找到一个形式已知而参数未知的连续曲线或者曲面来最大限度逼近空间中的特定点。用指定的函数曲线来拟合离散的数据点的过程可如图 3.3 所示：

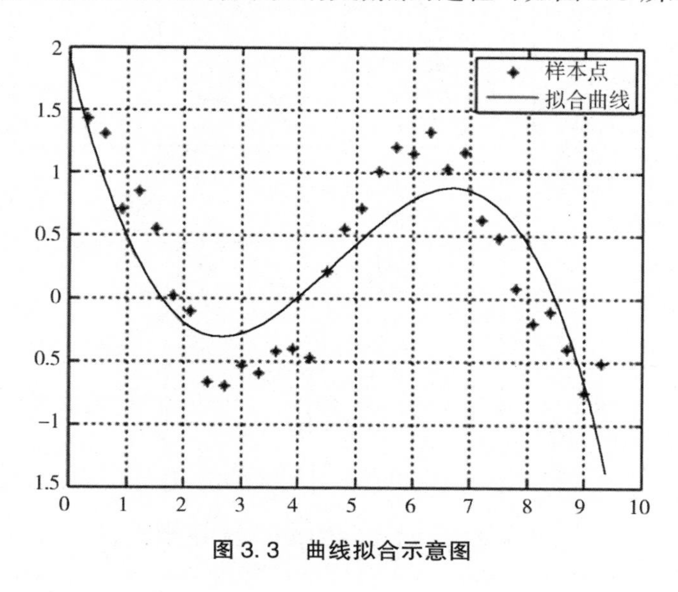

图 3.3 曲线拟合示意图

曲线拟合不要求近似函数在每一个节点的值都等于函数值，只要求其尽可能地反映给定数据点的基本趋势并尽可能地逼近这些点。采用曲线拟合处理数据时，一般会考虑误差的影响，往往基于残差的平方和最小准则选取拟合曲线的方法，这也就是经常说的曲线拟合的最小二乘法。

多项式模型由于其普遍、简单和鲁棒的特点，常常被用来作为曲线拟合的模型。原则上来说，只要多项式模型的阶数足够高，就能拟合出任何形状的曲线。因此，机器嗅觉的原始数据曲线拟合模型也多选择多项式模型。经过拟合后，就能确定多项式拟合模型的系数，这些系数就可用来作为传感器响应曲线的特征参数。多项式数学模型的表达式如下所示：

$$f(x) = a_n x^n + a_{n-1} x^{n-1} + \ldots + a_1 x + a_0,\ (a_n \neq 0, n \in N^+) \quad (3.17)$$

多项式曲线的特点如图 3.4 所示：

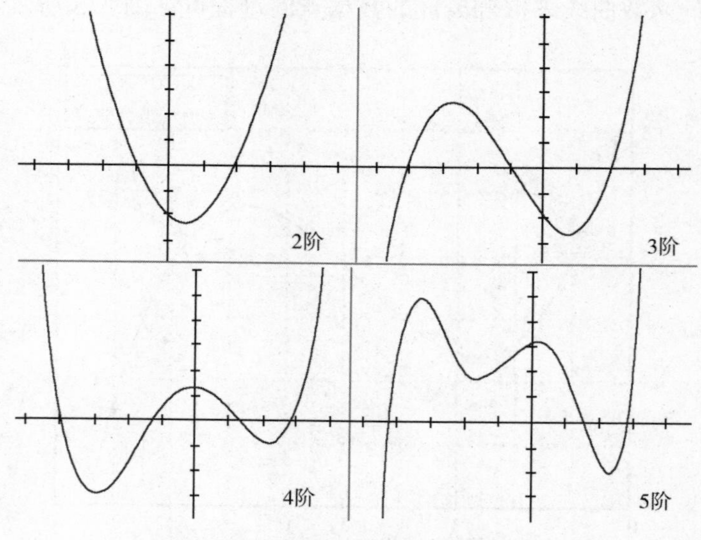

图 3.4 从 2 阶到 5 阶多项式的曲线图

虽然用多项式曲线拟合的方法提取特征得到的识别率总体要比

直接从原始曲线上提取特征得到的识别率高，但是只有比较高阶的多项式拟合模型才能得到较高的拟合精度，而多项式阶数的增高意味着更多的参数，这就使得拟合模型更加复杂，因此这是多项式曲线拟合一个比较明显的缺点。

第二节　第二级特征提取

在机器嗅觉中，气体传感器阵列对被测气体进行测量，高维原始空间中的每一个样本点代表了一个被测对象，在初级特征提取基础上再通过特征提取形成一个低维特征空间来描述样本，被测对象可以用特征空间中的一个特征向量来描述。通过某种变换，将高维样本空间投影到低维特征空间，而变换后的特征集是原始特征的重新组合。有时进行二次特征提取得到的模式识别结果要优于只进行初级特征提取，因此本节介绍一些二次特征提取方法。目前普遍使用的二级特征提取方法可分为线性和非线性、有导师和无导师类型。下文将介绍线性提取方法中的主成分分析法（principal component analysis，PCA）和 Fisher 判别法（fisher discrimination analysis，FDA）的基本原理，其中 PCA 是无监督的线性映射方法，而 FDA 则是有监督的。在 PCA 的基础上，引入核函数构成了核主成分分析法（kernel principal component analysis，KPCA），同时介绍另外一种非线性数据处理手段——有监督局部映射保持算法（supervised locality preserving projections，SLPP），作为一种改进型的流形学习算法，在将数据局部结构信息从输入空间传递到低维空间的同时也可提供显式映射表达式。

1. 线性特征提取

(1) PCA

在实际问题中，为了全面、系统地分析问题，必须考虑众多因素的影响，这些影响因素在多元统计分析中也称为变量。因每个变量在不同程度上都反映了待研究问题的某些信息，并且影响因素之间也存在一定的相关，所以统计数据所反映的信息可能在一定程度上存在重叠。用统计方法研究多变量问题时，变量过多会增加计算量和问题的复杂性，为了解决这一情况，研究者们提出了 PCA。

PCA 作为一种多元统计技术，是一种基于统计特征的多维正交线性变换，旨在利用降维，将多变量转换为数量较少的综合指标（即主成分），其中每个主成分都能够反映原始变量的大部分信息，且所含信息互不重叠。这种方法将复杂的多变量问题转换到几个主成分中，简化问题并得到更加有效的信息。Pearson 早在 1901 年就第一个提出了 PCA 的概念，然后 Hotelling 和 J. E. Jackson 等一众学者对 PCA 理论进行了发展，后来研究者们用概率论的形式再次对 PCA 进行了描述，促使 PCA 得到了更进一步的发展。现今国内外已有很多学者对其进行了研究，它广泛应用于化学、模式识别、图像处理等各个领域[23]。

PCA 也可以认为是一种降维方法，它利用某种线性变换，将一组相关的随机变量转换成另一组彼此互不相关的新随机变量，这在代数上表现为将随机变量的协方差阵变换成对角形阵，在几何上表现为对原始坐标轴的旋转。从几何的观点来看，PCA 是将原始坐标轴按照让样本变量方差最大的方向旋转，得到一组新的正交坐标轴系统，并按原始数据变量方差依次递减的顺序排列这些新坐标。这里我们以一个三维空间的数据集为例进行讲解说明，数据集的分布情况如图 3.5 所示，三维数据群点中变异较大的方向是 u_1、u_2，变异很小的方向是 u_3，如果以 u_1、u_2 作为新坐标系的坐标轴，其原点与数据群点的中心重合，那么原始数据群点在新坐标轴的数据投影如图 3.6 所示。

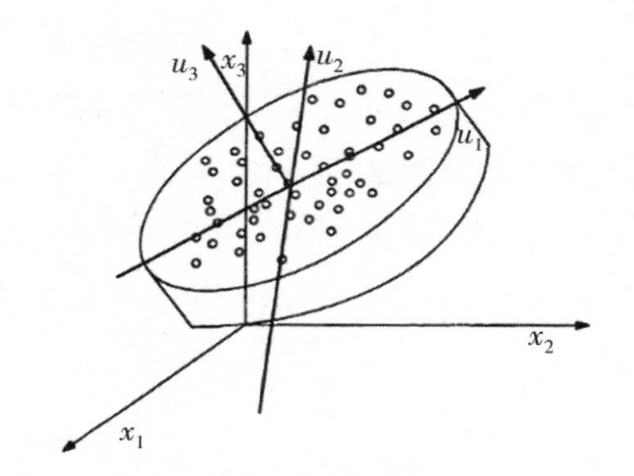

图 3.5 三维数据群点

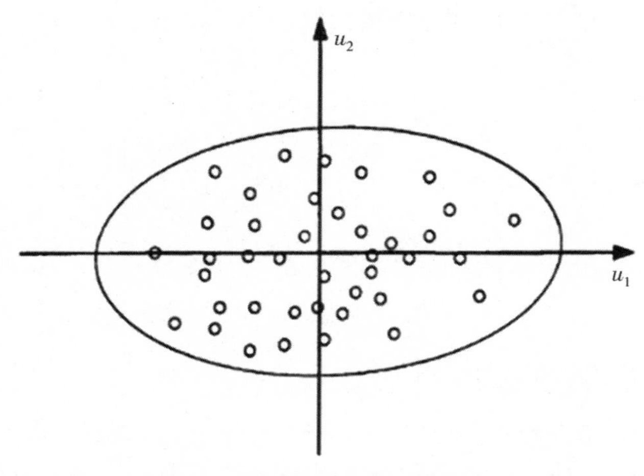

图 3.6 新坐标轴的数据投影

从图中可见原始数据群点投影后空间位置基本不变。PCA 算法实质上是将原坐标轴进行平移和旋转，得到新的坐标轴，使新坐标轴的第一主轴与数据变异最大方向对应，第二主轴对应于数据变异的第二大方向，且与第一主轴正交，依次类推得到第 k 个主轴。在实际问题中一般只需要选择前几个方差最大的主成分，在最大限度保留信息量的同时也使问题得到了简化，提高了分析的效率。设原始变量为 x_1，x_2，…，x_n，主轴为 z_1，z_2，…，z_m，其中 $m<n$，所以由原来的 n 维空间降至 m 维空间。在机器嗅觉系统中，气敏传感器阵列上有 p 个传感器，需要测量的样本个数是 n，则原始样本数据是一个 $n \times p$ 阶的矩阵 X：

$$X = \begin{bmatrix} x_{11} & x_{12} & \cdots & x_{1p} \\ x_{21} & x_{22} & \cdots & x_{2p} \\ \cdots & \cdots & \cdots & \cdots \\ x_{n1} & x_{n2} & \cdots & x_{np} \end{bmatrix} \tag{3.18}$$

设 x_1，x_2，…，x_p 为原变量指标，z_1，z_2，…，z_m，$m \leqslant p$ 为新变量指标：

$$X = \begin{bmatrix} z_1 = l_{11}x_1 + l_{12}x_2 + \cdots + l_{1p}x_p \\ z_2 = l_{21}x_1 + l_{22}x_2 + \cdots + l_{2p}x_p \\ \cdots \\ z_m = l_{m1}x_1 + l_{m2}x_2 + \cdots + l_{mp}x_p \end{bmatrix} \tag{3.19}$$

其中系数 l_{ij} 确定的原则是：

①z_i 和 z_j 互不相关（$i \neq j$；i，$j = 1$，2，…，m）。

②其中 z_1 是原始变量指标 x_1，x_2，…，x_p 的所有线性组合中方差最大者，z_2 是与 z_1 不相关的 x_1，x_2，…，x_p 的所有线性组合中方差最大者。

③依次类推，z_m是与z_1，z_2，…，z_m都不相关的x_1，x_2，…，x_p的全部线性组合中方差最大者。

则z_1，z_2，…，z_m分别称为原变量指标x_1，x_2，…，x_p的第一，第二，…，第m主成分。PCA主要运用的技术是矩阵运算技术及对角化、普分解技术，它的步骤是：

①对原始数据进行标准化采集，构造样本数据矩阵X。

②对矩阵X求解其协方差矩阵R：

$$R=\begin{bmatrix}\gamma_{11} & \gamma_{12} & \cdots & \gamma_{1p}\\ \gamma_{21} & \gamma_{22} & \cdots & \gamma_{2p}\\ \cdots & \cdots & \cdots & \cdots\\ \gamma_{n1} & \gamma_{n2} & \cdots & \gamma_{np}\end{bmatrix} \tag{3.20}$$

其中，$\gamma_{ij}(i,\ j=1,\ 2,\ \cdots,\ p)$是原变量$x_i$与$x_j$的相关系数，$\gamma_{ij}=\gamma_{ji}$，其计算公式为：

$$\gamma_{ij}=\frac{\sum_{k=1}^{n}(x_{ki}-\overline{x_i})(x_{kj}-\overline{x_j})}{\sqrt{\sum_{k=1}^{n}(x_{ki}-\overline{x_i})^2\sum_{k=1}^{n}(x_{kj}-\overline{x_j})^2}} \tag{3.21}$$

③根据特征方程$|\lambda I-R|=0$求出特征值并按照从大到小的顺序排列：

$$\lambda_1\geqslant\lambda_2\geqslant\cdots\geqslant\lambda_p\geqslant 0 \tag{3.22}$$

④根据公式$(\lambda_i I-R)a_i=0$求出对应特征值λ_i的特征值$a_i(i=1,\ 2,\ \cdots,\ p)$。

⑤根据公式计算各主成分的贡献率和累计贡献率式：

首先，定义主成分y_i的贡献率为：

$$\frac{\lambda_i}{\sum_{k=1}^{p}\lambda_k}(i=1,\ 2,\ \cdots,\ p) \tag{3.23}$$

然后，定义主成分 y_1，y_2，…，y_k 的累计贡献率为：

$$\frac{\sum_{k=1}^{i} \lambda_k}{\sum_{k=1}^{p} \lambda_k} \tag{3.24}$$

其中，k 为选取的主成分个数。累计贡献率越大，说明前 k 个主成分越能全面代表原始数据所包含的信息，损失的数据信息含量就越少，通常选取的 k 个主成分应使累计贡献率达到 85%以上为最佳。当 PCA 用于进行数据可视化时，那么可选择前 1~3 个主成分，如果 PCA 用来降低数据维数，那么选取的主成分个数应少于输入进 PCA 的原始数据的维数，如果 PCA 是用来进行特征提取，那么选取的主成分个数可以小于甚至等于输入 PCA 的原始数据的维数，不过一般认为靠后的主成分是信号中的干扰成分，因而也有人通过做 PCA 处理实现对数据的滤波处理。

PCA 分析能用彼此间互不相关的少数几个新的特征参数代表原来多个相关的原始特征参数，所以适用于原始数据之间存在较强相关的情况。如果原始变量的相关性较弱，则使用 PCA 后起不到很好的作用，即所获得的各个主成分压缩原始变量信息的能力差别并不大。

（2）FDA

FDA 与 PCA 一样，也是一种线性的特征提取方法。但与 PCA 不同，FDA 是一种有监督的特征提取方法，它的投影带有类别信息。当将高维空间中的样本点映射到低维空间时，原本在高维空间中彼此分离的点投影到低维空间后可能会出现重叠的问题，尤其是从高维空间映射到一维空间时，样本集合更易发生重叠现象。FDA 就是寻找一个线性变换，使不同类别样本点间的距离尽可能远，而同类别样本点间的距离尽可能接近，让不同类别的样本得以区分。

本节讨论的是两类样本 w_1/w_2 的 FDA。首先阐述一下散布矩阵的概念。散布矩阵是以矩阵的方式表现特征参数在特征空间中的散布程度。类间散布矩阵表示不同类别间样本点的散布情况，类内散布矩阵表示某一类别的样本点在其均值附近的分布情况。

在 w_1/w_2 两类问题中，假设有 n 个原始样本，其中 n_1 个样本来源于 w_1 类型，n_2 个样本来源于 w_2 类型，$n_2+n_1=n$。两种不同类型的原始样本分别组成原始样本的子集 X_1 和 X_2。原始样本通过某种映射得到新的样本 y_k（$k=1, 2, \cdots, n$），得到的新的样本也具有均值向量和散布矩阵。

$$y_k = w^T x_k \tag{3.25}$$

由原始样本的子集 X_1 和 X_2 的样本映射后得到的两个新子集 Y_1 和 Y_2，因为我们关心的是 w 的方向，可以令 $\| w \| =1$，那么，y_k 就是向量 x_k 在 w 方向上的投影得到的一维向量。

各类在原始高维空间的样本均值向量如式（3.26）所示：

$$M_i = \frac{1}{n} \sum_{x_k \in X_i} x_k (i = 1, 2) \tag{3.26}$$

投影到一维空间后各类的样本均值如式（3.27）所示：

$$m_i = \frac{1}{n} \sum_{y_k \in Y_i} y_k = \frac{1}{n} \sum_{x_k \in X_i} x_k = w^T M_i (i = 1, 2) \tag{3.27}$$

投影到一维空间后各类样本“类内离散度”定义为：

$$\begin{aligned} S_i^2 &= \sum_{y_k \in Y_i} (y_k - m_i)^2 = \sum_{x_k \in X_i} (w^T x_k - w^T M_i)^2 \\ &= w^{\mathrm{T}} \sum_{x_k \in X_i} (x_k - M_i)^2 w = w^{\mathrm{T}} (x_k - M_i)(x_k - M_i)^T w \\ &= w^T s_i w \end{aligned} \tag{3.28}$$

其中，$s_i = \sum_{x_k \in X_i} (x_k - M_i)(x_k - M_i)(i=1, 2)$，称为原始高维空间的样本“类内离散度”矩阵。因此：

$$S_1^2 + S_2^2 = w^T(s_1 + s_2)w = w^T s_w w \tag{3.29}$$

显然，$s_w = s_1 + s_2$ 称为原始样本的“总的类内离散度”。投影到一维空间后样本的“类间离散度”矩阵定义为：

$$\begin{aligned} S_B &= |m_1 - m_2|^2 = \| w^T M_1 - w^T M_2 \|^2 \\ &= w^T(M_1 - M_2)(M_1 - M_2)^T w = w^T s_b w \end{aligned} \tag{3.30}$$

其中，$s_b = (M_1 - M_2)(M_1 - M_2)^T$，称为原始高维空间的样本“类间离散度”矩阵。表示两类不同类群样本 w_1/w_2 的均值向量之间的离散度大小，所以 s_b 越大则越容易将不同类群区分开。

为了更好地区分样本信息，经过映射后，两类不同样本的平均值之间的距离越大越好，而样本类内离散度则越小越好。所以以类间方差与类内方差的比值来定义 Fisher 准则函数：

$$J_F(w) = \frac{|m_1 - m_2|^2}{S_1^2 + S_2^2} = \frac{w^T s_b w}{w^T s_w w} \tag{3.31}$$

其中，s_b 和 s_w 皆可由原始样本集 X 计算出。求解使 J 取得最大值的矩阵 W，最优矩阵 W 的列向量是下列等式中的最大特征值 λ_i 对应的特征向量 $s_b w_i = \lambda_i s_w w_i$，通过求解 $(s_b - \lambda_i s_w) w_i = 0$，计算出 w_i。

FDA 就是寻找一个最优矩阵 W，使得 J_F（w）的取值最大，也就是使投影后样本的类间散布与类内散布的比值最大，就是找到最有利于样本分类的投影方向。此时，w_i 的方向就是 FDA 对高维样本空间进行投影的第 i 个方向。

在以可分性样本分析为目的的问题中，FDA 能够表现出良好的性能，因此 FDA 这种特征提取方法在机器嗅觉系统的模式识别中得到了普遍应用。但是，FDA 也并不适用于任何情况。作为一种线性的特征提取方法，当各类别样本在原始空间中本身就是不可分时，FDA 也找不到一个能够区分这些样本的低维投影。

2. 非线性特征提取

(1) KPCA

在机器嗅觉系统中，其原始特征矩阵中的样本数据并不是均匀、线性分布的，这就导致 PCA 等一些线性特征提取方法通过变换后提取出的特征参数不能有效地代表原始样本的特征信息。根据 Cover 定理，输入空间的非线性分布数据经过一个非线性变换后，在高维空间的数据分布可近似为线性分布[24]。为了解决更高维空间中数据点难以进行线性分类的问题，人们提出了基于核方法运算的主成分分析，即核主成分分析法（kernel principal component analysis，KPCA）。一般来说，PCA 是在原始空间进行特征提取然后再进行降维，而 KPCA 则是首先使用核函数将数据从输入空间映射到高维空间，再对高维空间数据执行 PCA 操作。KPCA 的本质是存在一个映射，将样本空间数据映射到更高维的特征空间，再在这个高维特征空间中进行内积运算，提取特征值和特征向量，实现特征提取。所以我们不用知道具体的映射形式是怎样的，只要选择合适的核方法进行内积运算就能够实现特征提取，算法比较简单，更容易操作，同时也降低了计算量。

在机器学习领域中，再生核理论最早是由 Mercer 提出的，但直到 20 世纪 90 年代中期，Vapnik 等人提出的基于核函数的支持向量机理论构造出的核方法逐渐成为当前机器学习的主流算法。之后，研究者利用核方法对一些传统的特征提取方法进行改进，出现了

KPCA、核主元回归法和 KFDA 等，这些方法在文本分类、人脸识别等模式识别领域起到了很好的作用。

核方法的基本原理可以表述为：当输入的样本数据为非线性不可分时，引入非线性变换 $\varphi(\cdot): R \rightarrow F$，其中 R 称为原始输入空间，F 称为高维特征空间，在高维空间 F 中构造合适的分类函数使映射后的数据变为线性可分，这样通过非线性映射就能够将原始空间中非线性不可分的问题转换成特征空间中线性可分的问题。因为使用了非线性映射，所以大大提高了非线性数据的处理能力，但这种非线性映射函数通常是相当复杂的，实际上，只要定义高维特征空间 F 中的内积运算为核函数 $K(x_i, x_j) = \varphi(x_i) \cdot \varphi(x_j)$ 即可，而不用知道变化函数 $\varphi(\cdot)$ 的具体形式，如图 3.7 所示。

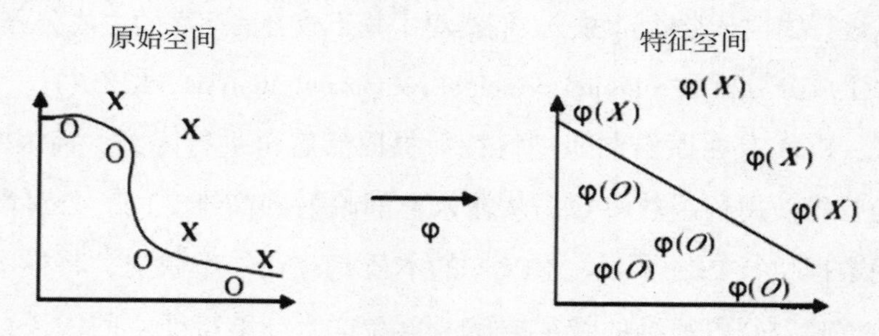

图 3.7 非线性映射

设 x_i 和 x_j 为原始空间中的数据点，原始空间到高维特征空间的映射函数为 $\Phi(\cdot)$，核方法的本质是实现向量的内积变换：

$$(x_i, x_j) \rightarrow K(x_i, x_j) = \Phi(x_i) \cdot \Phi(x_j) \tag{3.32}$$

往往非线性映射函数 $\Phi(\cdot)$ 的形式非常复杂，而在运算过程中真正使用的核函数 $K(\cdot)$ 则比较简单，这也正是核方法的优势所在。上式中核函数必须满足 Mercer 定理。

Mercer 定理：对于任意给定的对称函数 $K(x, y)$，它是某个特征空间中内积运算的充分必要条件是对于任意的不恒为 0 的函数 $g(x)$，且 $\int g(x)^2 dx \geqslant \infty$，有：

$$\int K(x, y) g(x) g(y) \mathrm{d}x \mathrm{d}y \geqslant 0 \tag{3.33}$$

式（3.33）是一个函数成为核函数的充要条件，这一条件并不难满足。考虑到核方法的本质是实现原始空间到特征空间的非线性映射，假设原始空间的样本数据：

$$x_i \in R^{d_L} (i = 1, 2, \cdots, n) \tag{3.34}$$

对任意连续且满足 Mercer 条件的函数 $K(x_i, x_j)$，存在一个高维 Hilbert 空间 F，对映射 Φ：$X^d \rightarrow F$ 有：

$$K(x_i, x_j) = \sum_{n=1}^{d} \Phi_n(x_i) \Phi(x_j) \tag{3.35}$$

式中，d 是 F 空间的维数。式（3.35）进一步说明，原始空间的核函数本质上与高维特征空间的内积运算等价。所以在使用核方法时，只需要用到特征空间中的内积运算，而没有必要了解映射 $\Phi(\cdot)$ 函数的形式。也就是说，在核方法的实际应用中只要选择一个适当的核函数就好，而不需要考虑具体的映射 $\Phi(\cdot)$ 函数所具有的复杂的形式和很高的维数。

目前，应用比较普遍的的核函数有以下几种具体形式：

①线性核函数：　$K(x_i, x_j) = x_i^T x_j$。

②多项式核函数：　$K(x_i, x_j) = (x_i^T x_j + t)^d$，其中 t 和 d 为参数。

③RBF 核函数：　$K(x_i, x_j) = \exp\left(-\frac{\| x_i - x_j \|^2}{\sigma^2}\right)$，其中 σ 为参数。

④Sigmoid 核函数：　$K(x_i, x_j) = \tanh(s x_i^T x_j + \theta)$，其中 s 和 θ

为参数。

RBF 核函数与线性核函数相比，能够将样本数据非线性地映射到高维特征空间，而线性核函数仅仅是 RBF 核函数的一种特例；RBF 核函数与多项式核函数相比，特征参数更少，降低了模型选择的复杂度，另外，当多项式的项数比较高时，多项式核函数的计算复杂度更是高于 RBF 核函数；RBF 核函数与 Sigmoid 核函数相比，Sigmoid 核函数在某些参数的设置下可能会出现不符合满足 Mercer 条件的情况。

$$K(x_i, x_j) = \sum_{n=1}^{d} \Phi_n(x_i)\Phi(x_j) \tag{3.36}$$

其中，$\sigma > 0$ 是自定义参数。RBF 核函数是目前使用范围最广的一种核函数，在实际应用中，RBF 核函数表现出优良的性能和较强的学习能力。当 σ 取值很小或接近于零时，高斯核函数虽然对原始样本的错分率为零，但对新样本的正确分类率并不是很高；当 σ 取值较大时，高斯径向基核函数只能得到一个接近于常数函数的判决函数，因而对样本的正确分类率也很低。

设总样本数为 n，通过核函数运算得到一个 $n \times n$ 的对称正定核矩 K。

$$K_{ij} = K(x_i, x_j)(i, j = 1, 2, \cdots, n) \tag{3.37}$$

核矩阵 K 在核方法运算中发挥了重要作用，基于核方法的非线性算法研究一般都要先计算出核矩阵，再对其进行分析和计算。可以看出核矩阵的计算复杂度仅取决于样本总数，与样本维数无关。对样本维数较高但是总数较少的样本集合来说，核矩阵就是个阶数比较小的矩阵，所以核矩阵计算的复杂度也比较小。

综上所述，核函数法具有以下几个优点：

①核函数法能把原始空间的样本数据映射到高维特征空间，使得在原始空间中线性不可分的样本在特征空间中表现出良好的可分性，再在特征空间进行线性分析，所以在线性算法中引入核方法能够得到在原始样本空间的非线性算法。

②在高维特征空间中与非线性映射函数 $\Phi(\cdot)$ 有关的计算都能够通过核函数 $K(x, y)=\Phi(x)^T\Phi(y)$ 转换为内积运算，而不用知道 $\Phi(\cdot)$ 函数的具体形式，从而大大降低了运算的复杂性。

③核矩阵的计算复杂度仅取决于样本总数，而与样本的特征维数无关，所以核方法在高维有限样本的学习中应用十分广泛。

KPCA 是近年来提出的一种特征提取方法，常用的 PCA 是在原始空间进行特征提取，然后再进行降维，而 KPCA 是将原始空间的样本映射到高维特征空间，再进行 PCA 分析。

KPCA 的基本思想是将核函数引入到 PCA 中，通过非线性变换函数 Φ 将原始样本数据投影到高维特征空间 F，即将原始空间中不可分样本点 X_1，X_2，…，X_n 转换为特征空间的样本点 $\Phi(X_1)$，$\Phi(X_2)$，…，$\Phi(X_n)$，再在特征空间中执行 PCA，其原理思想如图 3.8 所示。

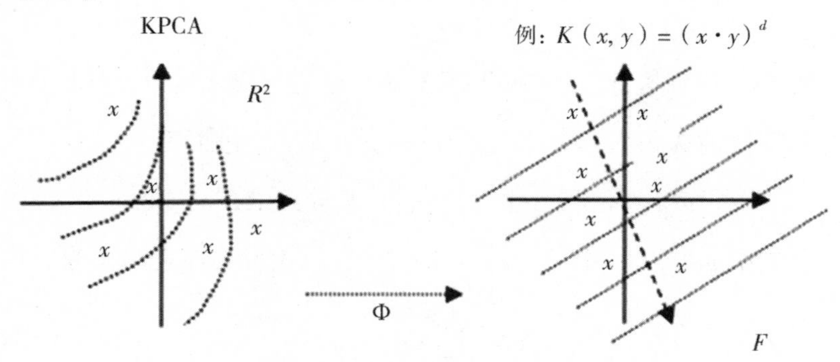

图 3.8 KPCA 的基本思想

通过核函数的引入，不必知道变换函数 $\Phi(\cdot)$ 的具体形式，只需要在定义特征空间 F 的内积运算为核函数 $K(x_i, x_j)=\Phi(x_i)\Phi(x_j)$ 即可。这样就解决了非线性不可分的问题，同时也能避免因主成分选取的不同引起的识别效果不同的情况。该方法比较简单且容易操作，只要选取合适的核函数及参数就能达到理想的效果。

对于原始输入空间中的 M 个样本数据 $x_k(k=1, 2, \cdots, M)$，满足“中心化”条件，即 $\sum_{k=1}^{n} x_k=0$，则其协方差矩阵为：

$$C=\frac{1}{M}\sum_{j=1}^{M} x_j x_j^T \tag{3.38}$$

对于一般的 PCA 方法，即通过求解特征方程

$$\lambda v = Cv \tag{3.39}$$

计算出贡献率较大的前 k 个特征值及相应的特征向量。通过引入非线性映射函数 $\Phi(\cdot)$，将原始输入空间中的样本数据点 $x_1, x_2, \cdots, x_M$ 转化为高维特征空间中的样本点 $\Phi(x_1), \Phi(x_2), \cdots, \Phi(x_M)$，并假设 $\sum_{k=1}^{M}\Phi(x_k)=0$，则在特征空间 F 中的协方差矩阵为：

$$\overline{C}=\frac{1}{M}\sum_{j=1}^{M}\Phi(x_j)\Phi(x_j)^T \tag{3.40}$$

所以，高维特征空间中的 PCA 就是通过求解方程 $\lambda v=\overline{C}v$ 中贡献率大的特征值 λ 和相应的特征向量 $v(v\in F)$，进而有

$$\lambda[\Phi(x_k)\cdot v]=\Phi(x_k)\cdot\overline{C}v(k=1, 2, \cdots, M) \tag{3.41}$$

上式中 v 可以由 $\Phi(x_i)$ $(i=1, 2, \cdots, M)$ 线性表示出来，即：

$$v=\sum_{i=1}^{M} a_i\Phi(x_i) \tag{3.42}$$

由式（3.40）至式（3.42）得：

$$\lambda \sum_{i=1}^{M} a_i(\Phi(x_k) \cdot x(x_i)) = \frac{1}{M}\sum_{i=1}^{M} a_i \left[\Phi(x_k) \cdot \sum_{j=1}^{M}\Phi(x_j)\right]$$

$$[\Phi(x_j) \cdot \Phi(x_i)](k = 1,\ 2,\ \cdots,\ M) \quad (3.43)$$

定义 $M \times M$ 矩阵 K：

$$K_{ij} = \Phi(x_i) \cdot \Phi(x_j) \quad (3.44)$$

式（3-44）简化为：

$$M\lambda K\alpha = K^2\alpha \quad (3.45)$$

显然满足：

$$M\lambda\alpha = K\alpha \quad (3.46)$$

通过对式（3.46）的求解，即可获得所需的特征值 λ 和特征向量 v。对于测试样本在 F 空间向量 V^k 上的投影为：

$$(V^k \cdot \Phi(x)) = \sum_{i=1}^{M} a_i^k[\Phi(x_i) \cdot \Phi(x)] = \sum_{i=1}^{M} a_i^k K(x_i,\ x) \quad (3.47)$$

式（3.47）称为 KPCA 的第 k 个主成分。此时，KPCA 的综合评价函数可以定义为：

$$F(x) = \sum_{k=1}^{r}\sum_{i=1}^{M}\omega_k\alpha_i^k K(x_i,\ x) \quad (3.48)$$

其中，r 满足 $\sum_{i=1}^{r}\alpha_i / \sum_{i=1}^{M}\alpha_i \geqslant 85\%$；$\omega_k$ 为对应的第 k 个主成分的贡献率。如果核函数中选择合适的核参数，就能够使得 $r = 1$，即：

$$F(x) = \sum_{i=1}^{M}\omega_1\alpha_i^1 K(x_i,\ x) \quad (3.49)$$

若 $\sum_{i=1}^{M} x_i = 0$ 不成立，此时 K 需要用 $\widetilde{K}$ 代替：

$$\widetilde{K} = K - AK + AKA \quad (3.50)$$

其中，$A_{ij} = \frac{1}{n}$，$(i,\ j = 1,\ 2,\ \cdots,\ n)$。

在计算出测试样本的非线性主成分后，可送入合适的模式识别算法进行处理。图 3.9 给出了 KPCA 算法的具体实现流程。

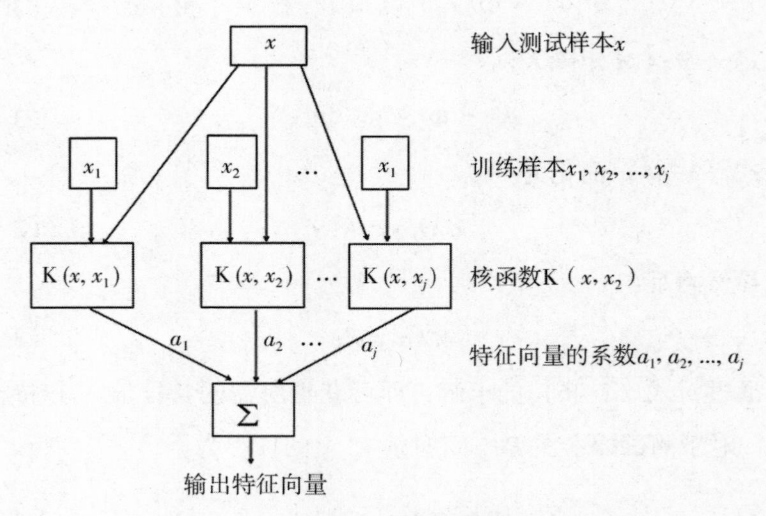

图 3.9　KPCA 算法流程图

（2）SLPP

SLPP 算法是有监督型的 LPP 算法，两者都是流形学习中的代表算法，不同于 KPCA 中的核函数将原始数据映射到高维空间再进行数据分析，流形学习算法认为低维数据才能反映数据分布的本质，因此流形学习的输出数据的维数低于输入数据的维数，在进行特征提取的过程中也完成了数据的降维，广泛地说，PCA 也可以被认为是一种流形学习算法，只不过如前所述，PCA 是线性的，适用于分析线性分布的数据，也就是在对数据进行映射时，提供了一个映射公式，而数据在空间的分布是非线性的，有些地方数据点的分布非常密集，呈现出某种分布规律，可是在另一些地方，数据点的分布又呈现出另外一种模式，因此对于所有的数据点都采用统一的映射公式进行低维映射，那么极有可能在映射的过程中丢失大量的特征信息，而流形学习在降维的时候则通过采用“近邻”的方式避免了这个缺点，通过近邻的相互描述（也就是一个点与周围近邻点的关系）来实现数据在不同空间的重现。流形学习中有大量的算法涌现，本节介绍其中的 SLPP 算法，其余算法读者可自行搜索研究。

SLPP 算法的计算步骤分为三步，首先是确定输入空间的局部数据结构，也就是确定输入空间每个点的近邻。流形学习中常用的确定近邻关系有两种方法：

①ε-ball 法：在以点 x_i，$i = 1, \ldots M$ 为圆心，以 ε 为半径的范围内的所有点都是 x_i 的近邻，其中，ε 是待设定参数。

②k-nearest 法：离点 x_i 最近的 k 个点是 x_i 的近邻且 $k < M$，其中，k 是待设定参数。

第一种方法在确定近邻时，因为近邻半径是固定的，所以可能存在某些点在该半径范围内没有近邻点的情况，于是该点的近邻关系就无法获得。这种情况在方法二中不会存在，方法二中，以相距最近的 k 个点作为近邻，能够找到输入空间各点的近邻关系。确定了输入空间的每个点的近邻关系，也就获得了输入空间的局部数据结构信息。接下来，就要研究如何将该数据结构信息传递到降维后的数据空间。

在流形学习中，如果输入空间中点 x_j 是 x_i 的近邻点，那么两者之间的关系按照某一规则取一个不为零的正数且 x_i 与 x_j 的关系越紧密的值就越大；如果特征值点 x_j 不是 x_i 的近邻点，那么两者之间的关系 $w_{i,j} = 0$。有多种方法可用来计算输入空间的点与点之间的关系 $w_{i,j}$：

① $w_{i,j} = 1$ 如果 x_j 是 x_i 的近邻，否则 $w_{i,j} = 0$。

② $w_{i,j} = \exp\left(-\frac{\| x_i - x_j \|^2}{t}\right)$ 如果 x_j 是 x_i 的近邻，否则 $w_{i,j} = 0$。

其中，t 是参数。在确定了输入空间的近邻关系 $w_{i,j}$ 后，接下来就是研究如何在低维空间重现输入空间的数据结构。在SLPP算法中，通过式（3.51）给出输入、输出数据之间的关系：

$$Y = A^T X \tag{3.51}$$

其中，矩阵 Y 是SLPP算法的输出，矩阵 Y 的维数是 $[L \times M]$，M 表示点的总数，等于矩阵 X 中特征值点的总数，L 表示矩阵 Y 中每一个点的维数且 $L < N$（N 是矩阵 X 中每个样本点的维数），A 是显式映射系数矩阵。输入空间中的点 x_i 和点 x_j 的近邻关系通过 $w_{i,j}$ 传递给低维空间 Y 中的点 y_i 和点 y_j，SLPP算法使用式（3.51）将近邻关系从输入空间传递到低维空间：

$$\min f(y_i, y_j) = \sum_{i,j} (y_i - y_j)^2 w_{i,j} \tag{3.52}$$

其中，y_i 和点 y_j 分别是低维空间 Y 中元素且 $i \neq j$，若输入空间 X 中点 x_i 和 x_j 是近邻且两者距离越近，其近邻关系 $w_{i,j}$ 的值就会越大，此时式（3.52）要取最小值，则 $(y_i - y_j)^2$ 项的值就必须尽量小，如此，将输入空间中的点 x_i 和点 x_j 的近邻关系传递给了输出空间 Y 中的点 y_i 和点 y_j，然后通过求解上式所描述的最优化问题得到显式映射系数矩阵 A，得到显式映射表达式并完成降维。因为 $y_i = A^{\mathrm{T}} x_i$，所以式（3.53）可以进行如下计算：

$$\begin{aligned} \frac{1}{2} \sum_{i,j} (y_i - y_j)^2 w_{i,j} &= \frac{1}{2} \sum_{i,j} (A^{\mathrm{T}} x_i - A^{\mathrm{T}} x_j)^2 w_{i,j} \\ &= \sum_{i,j} A^{\mathrm{T}} x_i D_{i,i} x_i{}^{\mathrm{T}} A - \sum_{i,j} A^{\mathrm{T}} x_i w_{i,j} x_i{}^{\mathrm{T}} A \\ &= A^{\mathrm{T}} X (D - W) X^{\mathrm{T}} A = A^{\mathrm{T}} X L X^{\mathrm{T}} A \end{aligned} \tag{3.53}$$

其中，$D_{i,i} = \sum_{i,j} w_{i,j}$，$L = D - W$。在SLPP算法中，结合式（3.51），对输出空间 Y 中各点进行如下约束[25]：

$$Y^{T}DY = 1 \Rightarrow A^{T}XD\,X^{T}A = 1 \tag{3.54}$$

结合式（3.53）和式（3.54），求解式（3.52）就变成了求解式（3.55）：

$$\begin{aligned} &\min \quad f(\mathrm{A}) = A^{T}XL\,X^{T}A \\ &\text{subject to } A^{T}XD\,X^{T}A = 1 \end{aligned} \tag{3.55}$$

式（3.55）的问题的求解可以转化成求解式（3.56）的特征值问题：

$$XL\,X^{T}A = \lambda XD\,X^{T}A \tag{3.56}$$

记 a_1，a_2,…，a_L 是求解式（3.56）得到的特征向量，因此低维空间的数据就可以通过式（3.57）获得：

$$Y = A^{T}X,\ A = (a_1,\ a_2,\dots,\ a_L) \tag{3.57}$$

可以看到，因为SLPP算法可提供显式映射系数矩阵，因此新进样本点也可以使用SLPP算法进行降维处理。

第四章

分类器

分类器是机器嗅觉中用于进行定性识别的环节，其目标就是对数据进行类别识别，有监督分类器在学习（或者称为训练）过程中，会根据样本点的真实类别标签不断地调整自身的输出结果，最终达到理想的识别率（也就是分类器输出的预测类别与真实类别的比例达到某个范围，例如95%），这里我们要说明一下，一般来说训练样本越多，训练效果越好，当训练样本规模偏小时，训练结果一般不理想，所谓的不理想是此时训练出来的分类器没有掌握足够的区分不同类别样本的知识，因而在实测环节，面对新的样本点，非常可能表现不佳，而且当训练样本规模偏小时，训练样本的识别率越高，有可能实测环节表现得越差，这也就是“过学习”。因此我们在训练机器嗅觉的算法系统的时候，为了提升识别率，一方面要使用高性能的分类器等算法，同时也要提高训练数据集的规模和样本的质量，一般认为某一类样本的训练样本个数低于20个就是小样本，训练出来的分类器是不可信的。

分类器的输入一般是特征矩阵，也就是上一章处理的输出，当然随着模式识别算法的不断改进和新算法的提出，目前很多算法可直接处理气体传感器阵列的原始响应数据，而不用经过特征提取环节，其实不是不经过特征提取环节，而是分类器自身携带了特征提取模块，如卷积神经网络，其中的卷积层就可认为是在进行特征提取。不过该类特征提取与第三章的特征提取有所不同，第三章介绍的特征提取都是有物理含义的，例如提取时域响应曲线的稳态响应最大值作为特征，这是因为这个最大值反映了传感器的某一响应状态，而卷积神经网络的卷积层提取的特征目前的说法是具有不可解释性。

本章将重点介绍 BP 神经网络、RBF 神经网络和支持向量机三种分类器，另外本章的介绍只能算是简述，读者如果想深入了解某一算法，可自行查阅更多资料。

第一节　BP 神经网络

1. BP 神经网络发展简史

人工神经网络（artificial neural network，ANN）是一种模仿动物神经网络行为特征，进行信息处理的算法模型。神经网络模仿大脑神经突触连接处的结构对外界信息进行接收、处理、存储，因此它作为一种新型的数学模型，正在被不断地尝试用于解决传统方法无法攻克的问题。

20 世纪 80 年代中期，David Runelhart、Geoffrey Hinton、Ronald W-llians 和 DavidParker 等人分别在误差反向传播理论的基础上提出了反向传播（Back-Propagation）学习算法，即 BP 神经网络算法。BP 神经网络由输入层（input layer）、隐含层（hide layer）和输出层（output layer）组成。本质上来说，BP 神经网络算法以网络误差平方为目标函数，采用梯度下降法来计算目标函数的最小值。1988 年 Cybenko 等证明，当网络汇总各节点均采用 Sigmoid 函数时，两个隐含层的 BP 神经网络可以实现任何的有界连续函数，即可表示任何输入图形的输出函数；在 1989 年又证明了只具有一个隐含层的 BP 神经网络就可以实现任何有界连续函数[26]。三层神经网络就可以以任意精度逼近任何非线性连续函数，这使其在解决非线性系统问题时优势明显，是一种可以被推广应用的前沿理论与技术。

BP 神经网络包含了神经网络理论中最精华的部分，是目前应用最广泛、基本思想最直观、最容易理解的一种网络。近年来国内外学者对人工神经网络的研究主要聚焦在前馈反向传播网络上，因而 BP 神经网络以其简单的结构、强大的可塑性以及明确的数学意义得到了学者的格外关注。

BP 神经网络被应用于很多领域：模式识别、智能控制、故障诊断、图像识别处理、优化计算、信息处理、金融预测、市场分析与企业管理等，可以说 BP 神经网络的应用已经深入到经济、化工、军事等众多领域，并从其优势以及应用趋势我们可以预言它的光明前景。在机器嗅觉中，我们将数据处理主要分为三个板块：特征提取、参数优化和模式识别，因此神经网络在其中的应用便显得尤为重要。

2. BP 神经网络的基本原理

BP 神经网络处理信息的主要原理为：输入矢量 $x \in R^n [x = (x_1, x_2, \cdots, x_n)^T]$，通过隐含层神经元作用于输出层神经元，经过非线性变换，输出 $y \in R^m [y = (y_1, y_2, \cdots, y_m)^T]$。通过调整输入层到隐含层的权值 W_{ij} 和隐含层到输出层的权值 W_{jk} 以及隐含层和输出层的阈值，使误差沿梯度方向下降，经过反复学习训练，确定与最小误差相对应的权值和阈值，由此训练即可停止。图 4.1 即为 BP 神经网络的结构图。根据箭头指示，图中信号只能向前传播即前馈；由于具有单个隐含层的网络已经具备非线性分类的能力，所以常见的神经网络分为三层：输入层、隐含层、输出层，神经网络中含有一个输入层和一个输出层，但可含有多个隐含层，每层之间的连接都有不同的权值，每层的节点数也可以有所不同[27]。

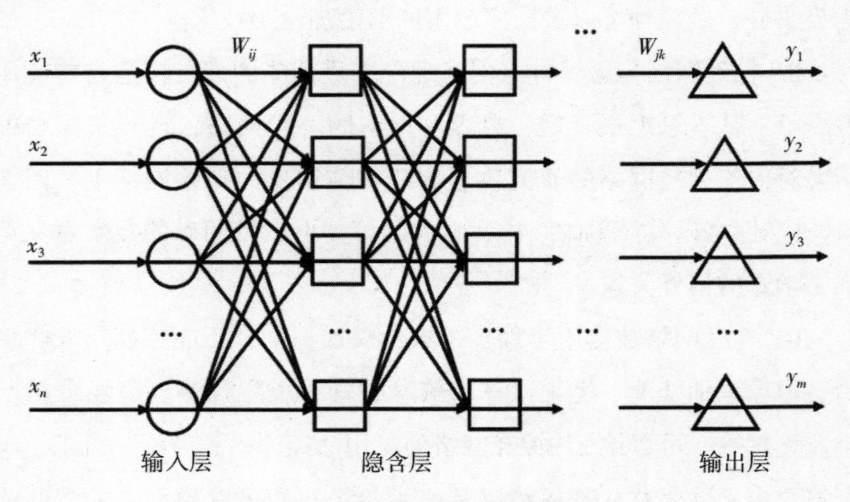

图 4.1 BP 神经网络的拓扑结构

3. BP 神经网络的模型

在 BP 神经网络中涉及的模型主要有：节点输出模型、作用函数模型、误差计算模型和有监督学习模型。

(1) 节点输出模型

BP 神经网络的输入矢量为 $x \in R^n [x = (x_1, x_2, \cdots, x_n)^T]$，隐含层中含有 n_1 个神经元，输出为 $x' = (x'_1, x'_2, \cdots, x'_{n_1})^T$；输出层中含有 m 个神经元，输出 $y = (y_1, y_2, \cdots, y_m)^T$。输入层到隐含层的

权值为 W_{ij}，阈值为 θ_j；隐含层到输出层的权值为 W_{jk}，阈值为 θ_k。所以各层神经元的输出模型为：

$$\begin{cases} x_j' = f\left(\sum_{i=1}^{n} W_{ij}x_i - \theta_j\right), j = 1, 2, \cdots, n_1 \\ y_k = f\left(\sum_{j=1}^{n_1} W_{jk}x_j' - \theta_k\right), k = 1, 2, \cdots, m \end{cases} \tag{4.1}$$

其中，f 为非线性作用函数，该模型可完成从 n 维空间到 m 维空间的矢量映射。

（2）作用函数模型

神经网络中的每个节点接受输入值，并将输入值传递给下一层，作用函数亦即隐层和输出层节点的输入和输出之间的函数关系，又可称为激励函数或刺激函数。

一般情况下，将激励函数取为 Sigmoid 函数：

$$f(x) = \frac{1}{1 + e^{-x}} \tag{4.2}$$

$f(x)$ 在（0，1）内连续可导，且导函数为：

$$f'(x) = f(x)[1 - f(x)] \tag{4.3}$$

Sigmoid 函数也可通过下式映射到（-1，1）范围内：

$$f(x) = \frac{1 - e^{-x}}{1 + e^{-x}} \tag{4.4}$$

（3）误差计算模型

BP 神经网络的学习过程包括信号的正向传播和误差的反向传播两个环节。在信号的正向传播过程中，信号由输入层传向输出层产生输出信号，如果在输出层未得到期望输出，就将该输出信号转入误差反向传播；在误差反向传播的过程中，误差由输出层向输入层传播，神经网络的权值由误差反馈进行调节，通过权值不断修正使误差值达到最小。BP 神经网络用期望输出与实际输出的方差作为相应的误差测度，即：

$$E = \frac{1}{2}\sum_{i=1}^{N}(t_i - y_i)^2 \tag{4.5}$$

其中，t_i为第 i 个样本的期望输出，y_i为第 i 个样本通过神经网络计算出的实际输出，N 为参与训练的样本总数。若输出向量的维数为 m，则：

$$E = \frac{1}{2}\sum_{i=1}^{N}(t_i - y_i)^2 = \frac{1}{2}\sum_{i=1}^{N}\sum_{k=1}^{m}(t_{ik} - y_{ik})^2 \tag{4.6}$$

其中，t_{ik}为第 i 个样本的第 k 维的期望输出，y_{ik}为第 i 个样本通过神经网络计算出的第 k 维实际输出。

假设 W_{ij} 为神经网络中第 i 隐含层和第 j 隐含层的一个连接权值，则根据梯度下降法，批处理下的权值修正量为：

$$\Delta W_{ij} = -\eta\frac{\partial E}{\partial W_{ij}} \tag{4.7}$$

其中，η 为学习率也称学习步长，通常 $\eta \in (0, 1)$。

(4) 有监督学习模型

BP 神经网络各层直接连接的权值具有一定的可调性，网络可以通过训练和学习来确定网络的权值。神经网络的学习过程就是连接上下层节点之间的权值 W_{ij} 的设定和误差修正的过程。神经网络主要通过两种算法进行训练：有监督算法和无监督算法。有监督学习通过期望值与实际输出值之间的差来调整神经元之间的连接权值；无监督学习则不需要知道期望输出，在训练过程中，只需向神经网络提供输入模式，神经网络便可自适应权值。BP 神经网络采用梯度下降的学习方法，其模型为：

$$\Delta W_{ij}(n) = -\eta \frac{\partial E}{\partial W_{ij}} + \alpha \Delta W_{ij}(n-1) \tag{4.8}$$

其中，$n = 1, 2, \cdots$；α 为动量因子，一般情况下 $\alpha \in (0, 1)$。[28]

4. 神经元数的选择

（1）输入层和输出层神经元数的选择

输入层神经元的数目需要考虑到计算量以及训练样本量，取决于输入向量的维数，由于输入向量与所需描述的事物的本质密切相关，所以在训练神经网络之前，需要对所得数据进行相关性分析，去除不可靠数据，从而确定特征向量的维数。输入神经元数量一般不超过 7 个，但仍需视具体情况而定。输出神经元的数目即为所要预测的目标指标量，完全取决于实际应用情况。

（2）隐含层神经元数的选择

隐含层的神经元数目与问题所求、输入输出层神经元数都息息相关。若隐含层的神经元数目过少，则可能导致网络获取信息的能力不足，无法收敛，容错性差；若隐含层的神经元数目过多，又可能导致学习时间过长或出现过度拟合的现象。一般情况下，隐含层的神经元数目都远小于训练样本数，它的上界便为训练样本数。在实际情况下，需对不同神经元数的神经网络进行训练对比，再适当进行一些动态增加或减少。以下三个公式为经验公式：

$$\begin{cases} p = 2n + 1 \\ p = \sqrt{n + m} + a \\ p = \log_2 n \end{cases} \tag{4.9}$$

其中，p 为隐含层的神经元数，n 为输入层的神经元数，m 为输出层的神经元数，$\alpha \in [1, 10]$ 且为整数。

5. BP 神经网络的计算步骤

BP 神经网络的计算步骤如图 4.2 所示[29]。

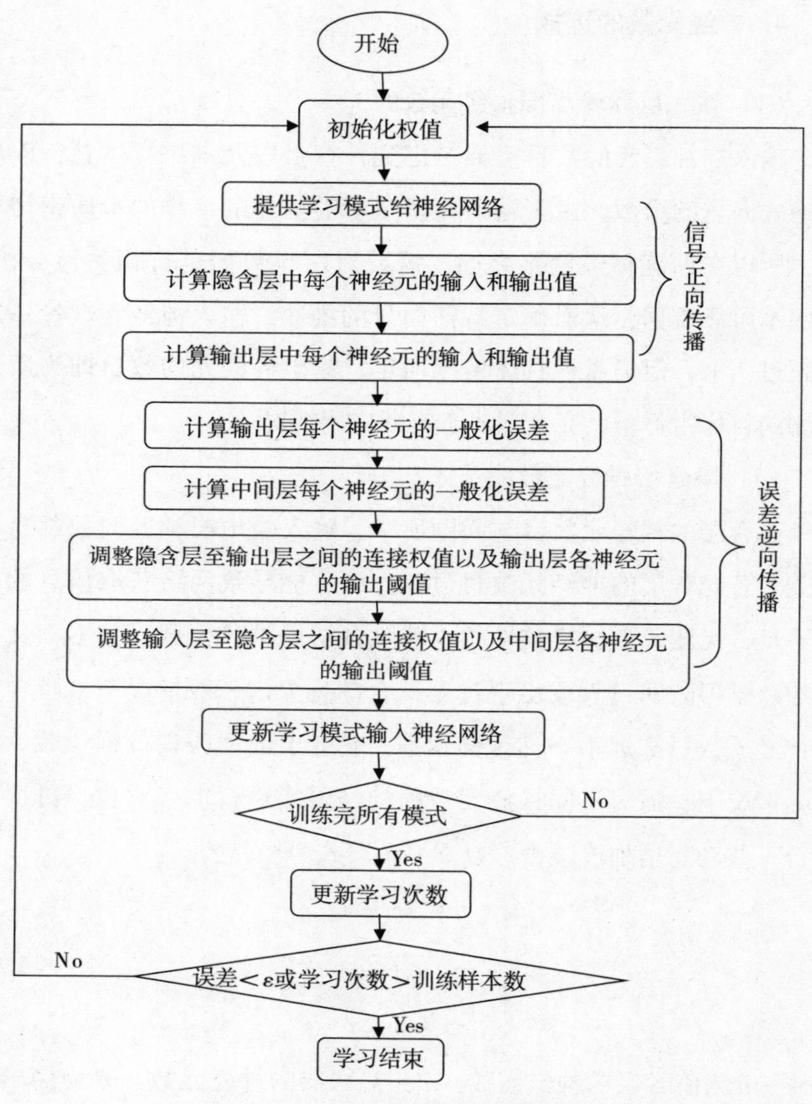

图 4.2 BP 神经网络的计算步骤

6. BP 神经网络的优点和缺点

首先 BP 神经网络具有以下几个优点：

①大规模并行处理：神经网络中的信息不是存储在某一个地方，而是分布在整个网络上，BP 神经网络中信息的存储与计算是合二为一的，信息存储体现在神经元互连的权值分布上。

②自学习和自适应能力：BP 神经网络在训练时，能够自行调整神经网络之间各层的连接权值，并自适应地将学习内容记忆于权值中，使其对外界环境和事物具有很强的适应性和学习能力。

③较强的鲁棒性和容错性：BP 神经网络分布式存储信息的方式使其在部分神经元受到破坏后，对全局的训练结果不会造成太大影响，网络仍能呈现出原来的完整信息。

当然随着神经网络应用范围的不断扩大，BP 神经网络也逐渐暴露出了许多不足之处：

①容易陷入局部最小值：BP 神经网络是一种局部搜索的优化方法，神经网络的权值是沿误差曲面的负梯度方向来寻找最优权值，而误差曲面上会存在一些梯度为 0 的点，这些点便使算法陷入局部极值，从而导致学习失败。

②学习收敛过程速度缓慢：由于 BP 神经网络算法本质上为梯度下降法，梯度下降法的搜索路径呈现锯齿状，需要使用误差对权值的一阶导数来进行权值的调整，以达到误差最小这一目标，而往往由于目标函数的复杂使得迭代次数不断增加，造成算法低效；BP 神经网络的误差曲面存在平坦区域，误差曲面越陡，梯度改变量就越大，误差下降就越快，在平坦区域内权值误差改变很小，导致训练过程几乎停止；BP 神经网络中固定的学习率 η 和动量因子 α 也是速

度缓慢的一个重要原因，为了保证收敛性，η 需小于某一上界，这限制了其收敛速度。

③神经网络结构难以确定：BP 神经网络结构的选择至今难以确定，即网络层数和每层的神经元数的选择没有一套完整的理论系统来支撑，前文所给出的不过是经验公式。在面对不同问题时，所遵循的法则也不尽相同。当网络结构选择过大时，会导致训练效率下降，可能出现过拟合，导致容错能力降低，但是如果网络结构选择过小时，网络可能又会出现无法收敛的情况。

④泛化能力无法保证：在一定程度上，学习能力的提高会带来泛化能力的提升，但这种趋势不是固定的，当超过某一极限时，随着学习能力的提高，泛化能力反而下降，即出现了过拟合。由于 BP 神经网络的复杂性，训练样本的数量、网络的初始权值、目标函数的复杂性等都将对网络的泛化能力造成错综复杂的影响。

第二节　RBF 神经网络

1. RBF 神经网络发展简史

1985 年，Powell 提出可以用径向基函数（radical basis function，RBF）解决多变量插值问题。1988 年，Broomhead 和 Lowe 在进行插值计算的过程中引入了神经网络的思想，并在神经网络的设计中提出使用径向基函数，这是最早将 RBF 引入神经网络的设计，他们在论文《Multivariable functional interpolation and adaptive networks》中简略地介绍了 RBF 用于神经网络设计与用于传统插值领域的不同特点。1989年，Moody和Darken共同合作，提出一种含有局部响应特性的计算元的神经网络，这种网络与RBF神经网络是一致的，而且他们还提出了RBF神经网络的训练方法。

在后来的研究中学者们针对之前存在的问题与不完善之处，一一进行了探究与补充，使RBF神经网络能够进一步地推广，例如Chen提出了正交最小二乘（orthogonal least squares，OLS）算法来训练RBF神经网络，确定隐含层的最佳神经元个数以及隐含层的中心；Platt提出了RAN（resource allocating network）在线学习算法，该算法可根据数据的新颖性动态地增加隐含层神经元个数。

近年来，随着研究的不断深入，关于RBF神经网络的研究也趋于成熟，由于其结构简单、易操作，能够以任意精度逼近任何连续函数，在图像处理、模式识别、工业过程优化与控制以及金融管理与预测等领域都有着广泛应用。

2. RBF神经网络的原理

径向基函数（RBF）是一个取值仅仅依赖于与原点之间的距离的实值函数，即$\varphi(x)=\varphi(\|x\|)$，径向基函数也可以是到任意一点$c$的距离，其中$c$为中心点，则$\varphi(x, c)=\varphi(\|x-c\|)$，由于一般采用欧氏距离，故也称为欧氏径向基函数。RBF神经网络是一种前馈型神经网络，径向基函数作为隐含层神经元的激励函数，输出层是隐含层神经元的线性组合。所以RBF神经网络的组成部分可以按照线性和非线性来分，第一部分是由输入层到隐含层，这部分的变换是非线性的，因此从输入层到隐含层的信息处理速度较慢；第二部分由隐含层到输出层，这部分的变换是线性的，信息处理速度较快。

根据 Cover 定理：将复杂的模式分类问题非线性地投射到高维空间将比投射到低维空间更可能是线性可分的，这保证了 RBF 神经网络在数学上的合理性，隐含层的功能即为将低维空间的输入通过非线性映射变换到高维空间，然后对隐含层神经元进行加权求和得到输出。可以将 RBF 神经网络的优化过程看作是在高维空间中的曲面拟合问题，它的学习过程也就等价于在一个隐含的高维空间寻找一个最佳拟合训练数据的曲面。

3. RBF 神经网络的结构

RBF 网络与其他前馈型网络一样，有三层网络结构：输入层、隐含层、输出层，每层扮演着各自的角色，相互合作联系，完成信息的处理。如图 4.3 所示，$X=(x_1, x_2, \cdots, x_n)^T$ 表示神经网络的输入矢量，n 为神经网络的输入神经元个数；$Y=(y_1, y_2, \cdots, y_m)^T$ 表示神经网络的输出矢量，m 为神经网络的输入神经元个数；c_i 代表隐含层数据中心的大小；h 表示中心点的个数。隐含层的函数 $\varphi_i(x, c_i)$ 表示第 i 个神经元被激活，w_{ij} 为连接神经网络隐含层与输出层的权值。

输入层的作用是对信息进行收集，将输入向量与神经元进行连接，然后将输入量直接传输到隐含层的神经元，接收到输入层的信息后，隐含层对其进行加工处理，通过非线性变换将输入量映射到高维空间，最后，用 w_{ij} 与 φ_i 相乘再进行求和即为输出值的大小，显然可得隐含层到输出层的变换为线性变换。

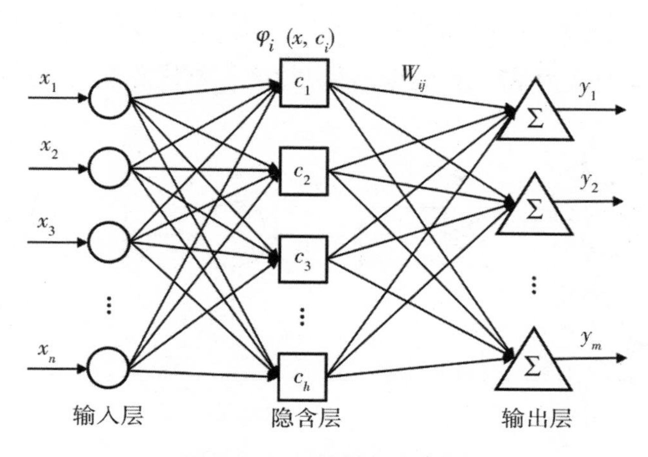

图 4.3 RBF 神经网络结构图

4. RBF 神经网络的神经元模型

人的大脑不同部位对外界刺激做出的反应强度是不同的。RBF 神经网络也学习了人脑的这一特点，将神经网络看作由多个神经元交叉错乱整合而成，径向基函数会在局部检测到输入信号并做出响应，当输入信号出现在函数图像的中间时，隐含层将会输出较高的值，由此表现出局部逼近的特性。RBF 神经网络的神经元结构如图 4.3 所示。径向基函数是 RBF 神经网络的激励函数，一般将其定义为空间任一点到某一中心点之间欧氏距离的单调函数。从图 4.4 的径向基神经元模型能够得到，RBF 的自变量使用的输入向量和权值向量之间的距离为 $\| dist \|$。RBF 神经网络的激励函数的一般表达式为：

$$R(\| dist \|) = e^{-\| dist \|^2} \tag{4.10}$$

由此可得随着输入向量和权值向量之间距离的减少，网络的输出是递增的，当输入向量和权值向量一致时，神经元输出 1。如果把距离看作自变量，输出值看作因变量，那么整个函数是呈递减的趋势。b_k为阈值，用于调整神经元的灵敏度，阈值的取值可正可负。

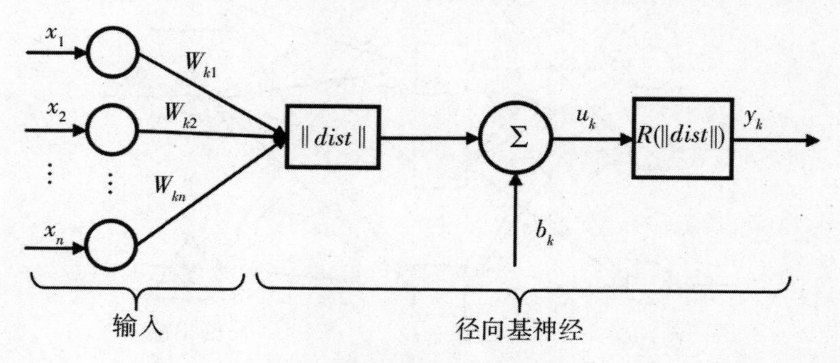

图 4.4 径向基神经元模型

5. RBF 神经网络的激励函数

径向基函数有多种形式，通常情况下，选取的径向对称函数有：

（1）高斯（Gauss）核函数

$$\varphi(x, c_i) = e^{\left(\frac{-\|x-c_i\|^2}{\sigma_i^2}\right)}, \quad i = 1, 2, \cdots, h \tag{4.11}$$

其中，c_i表示径向基函数的中心点，σ_i 为隐含层神经元基函数的宽度。

（2）多二次（Multiquadrics）函数

$$\varphi(x, c_i) = (x^2 + c_i^2)^{\frac{1}{2}}, \ i = 1, 2, \cdots, h \tag{4.12}$$

（3）逆多二次（Inverse multiquadrics）函数

$$\varphi(x, c_i) = (x^2 + c_i^2)^{-\frac{1}{2}}, \ i = 1, 2, \cdots, h \tag{4.13}$$

在以上三个式子中，最常用的是高斯核函数，高斯核函数作为基函数时，第 i 个隐含层神经元的输出表示为：

$$y_i^2(x_p) = e^{\frac{-\|x_p-c_i\|^2}{2\sigma_i^2}}, \quad p = 1, 2, \cdots, n \tag{4.14}$$

隐含层神经元个数 h，x_p表示第 p 个输入变量，n 为输入矢量的维度，c_i为第 i 个径向基函数的中心点，σ_i 为高斯函数的宽度，$\| x_p - c_i \|$ 表示从 x_p到 c_i的欧氏距离。$\varphi(x, c_i)$ 在 c_i处有唯一的最大值，随着 $\| x - c_i \|$ 的增大，$\varphi(x, c_i)$ 迅速衰减到零。σ_i 反映的是径向基函数图像的衰减速度，随着 σ_i 的增大，高斯函数的宽度越宽，径向基函数的衰减速度就越慢。同时，由于径向基函数的局部放大性，变量 x_p越靠近中心点 c_i，输出值就越大，相应的神经元就被激活。

RBF 神经网络中相应的输出层的输出为：

$$y_k^3(x_p) = \sum_{i=1}^{h} w_{iq} y_i^2(x_p) + b_k, \quad k = 1, 2, \cdots, m \tag{4.15}$$

其中，隐含层第 i 个神经元和输出层第 k 个神经元的权值为 w_{iq}，b_k 表示输出层第 q 个神经元的阈值。设 d 为样本的期望输出值，方差为：

$$\sigma = \frac{1}{n} \sum_{j=1}^{m} \| d_j - y_j c_i \|^2 \tag{4.16}$$

其中，n 为样本总数，y_j表示第 j 个输出节点的实际输出。

6. RBF 网络的学习算法

基函数的中心、方差以及隐含层到输出层的权值这三个参数是 RBF 神经网络学习算法要求解的。RBF 神经网络的研究，主要取决于如何将 RBF 的中心选取出来，因此 RBF 神经网络有多种学习算法，常用的方法有以下几种：

(1) 随机选取中心法

随机选取中心法[30]是一种比较简单的方法。隐含层神经元传递函数的中心是在样本数据中随机产生的，且中心确定后便不再发生变化。RBF 的中心确定后，隐含层神经元的输出是已知的，这样神经网络的连接权值就可以通过求解线性方程组来确定。当样本数据的分布集中时，RBF 的中心较多，当样本分布分散时，中心较少，当样本均衡分布时，RBF 的中心则相对平均。

当 RBF 选用高斯函数时，它可表示为：

$$\varphi(x,\ c_i) = e^{-\frac{M}{d_m^2}\|x-c_i\|^2} \tag{4.17}$$

其中，M 为固定的中心，d_m为所选取的中心之间的最大距离。此时高斯函数的均方差即宽度固定为：

$$\sigma = \frac{d_m}{\sqrt{2M}} \tag{4.18}$$

(2) 自组织选取中心法

自组织选取中心法与随机选取中心法的不同在于数据中心在学习过程中是不断变换的，RBF 的中心能够在给定的要求下自由地移动，自己组织学习来确定中心的位置。隐含层到输出层的权值通过有监督学习来确定。自组织选取实质上就是对输入信息的自由分配，通过学习，使 RBF 神经网络隐含层的神经元中心位于输入空间的重要区域。这种方法一般采用 K-Means（K-均值聚类）算法来选择 RBF 的中心，属于无监督学习。具体学习步骤如下[31]：

设 h 为 RBF 的中心的数目，h 的数值需要通过实验来具体确定。假设 n 为迭代次数，第 n 次迭代时的聚类中心为 $c_1(k)$，$c_2(k)$，…，$c_h(k)$，相应聚类域为 $w_1(k)$，$w_2(k)$，…，$w_h(k)$。

1）RBF 神经网络的数据中心可以通过如下方式确定：

第一步：网络初始化：选 h 个样本作为初始聚类中心 $\{c_i(0)\}_{i=1}^{h}$，初始聚类中心可以随机选取，并令 $n=0$。

第二步：将输入的训练样本集合，按最近邻规则分组：按照

$x_p(p=1,2,\cdots,n)$ 与中心为 c_i 之间的欧氏距离将 x_p 分配到输入样本的各个聚类集合 $w_i(k)(k=1,2,\cdots,h)$ 中，即 $x_p \in w_i(k)$，且：

$$d_i = \min \| x_p - c_i \|, \quad p=1,2,\cdots,n, \quad i=1,2,\cdots,h \tag{4.19}$$

其中，d_i为最小欧氏距离。

第三步：将聚类中心调整：计算各个聚类集合 $w_i(k)$ 中训练样本的平均值，即新的聚类中心 c_i为：

$$c_i(k+1) = \frac{1}{N_i} \sum_{x_p \in w_i(k)} x_p \tag{4.20}$$

其中，N_i为第 i 个聚类域 $w_i(k)$ 中的输入样本数。

如果新的聚类中心不再发生变化即 $c_i(k+1)=c_i(k)$，则所得到的 c_i 即为 RBF 神经网络最终的基函数中心，否则返回第二步，进入下一轮的中心求解。

2）方差 σ_i 的求解方式：

方差 σ_i 的求解函数为：

$$\sigma_i = \frac{c_{\max}}{\sqrt{2h}}, \quad i=1,2,\cdots,h \tag{4.21}$$

其中，$c_{\max}$ 为中心之间的最大距离。

3）计算隐含层和输出层之间的权值：

利用最小二乘法可直接计算得到，计算公式如下：

$$W = e^{\left(\frac{h}{c_{\max}^2} \| x_p - c_i \|^2\right)}, \quad p=1,2,\cdots,n, \quad i=1,2,\cdots,h \tag{4.22}$$

（3）有监督学习选取中心法

在监督学习方法中，RBF 神经网络的中心以及网络的其他参数都是通过有导师的学习来确定的，它与自组织选取中心法最大的不同在于自组织选取中心法的学习过程是从无监督到有监督，根据研究，有监督学习可显著提高 RBF 神经网络的泛化性。一般情况下，有监督学习利用梯度下降法来求解优化问题，得到网络参数的优化计算公式。

梯度下降法[32]利用最下化目标函数，实现对各隐含层神经元的数据中心、宽度和输出权值的学习。在神经网络中，代价函数用来衡量输出值与真实值之间的误差，以此进行误差的反向传播，来不断调整神经网络中的权值和阈值，从而使得预测值与真实值之间的差距不断减小。这里假设网络的输出为一维，定义代价函数的瞬间值为：

$$E = \frac{1}{2}\sum_{j=2}^{n} e_j^2 \tag{4.23}$$

其中，n 为训练样本数；e_j是误差信号，它定义为：

$$e_j = y_j - F(x_j) = y_j - \sum_{i=1}^{h} w_i \varphi(x_j) \tag{4.24}$$

目的是要找到使 E 最小的自由参数 w_i，c_i，σ_i 的值。由于神经网络输出函数 F（x）对数据中心 c_i、宽度 σ_i 和输出权值 w_i 的梯度分别为：

$$\begin{aligned} \nabla_{c_i} F(x) &= \frac{2w_i}{\sigma_i^2}\varphi_i(x)(x - c_i) \\ \nabla_{\sigma_i} F(x) &= \frac{2w_i}{\sigma_i^2}\varphi_i(x)(x - c_i)^2 \\ \nabla_{w_i} F(x) &= \varphi_i(x) \end{aligned} \tag{4.25}$$

则 RBF 神经网络对隐含层数据中心 c_i、宽度 σ_i 和输出权值 w_i 的调节量为：

$$c_i(n+1)=c_i(n)-\eta_1\frac{2w_i}{\sigma_i^2}\sum_{j=1}^{n}e_j\varphi_i(x_j)(x_j-c_j)$$

$$\sigma_i(n+1)=\sigma_i(n)-\eta_2\frac{w_i}{\sigma_i^3}\sum_{j=1}^{n}e_j\varphi_i(x_j)(x_j-c_j)^2 \quad (4.26)$$

$$w_i(n+1)=w_i(n)-\frac{1}{2}\eta_3\sum_{j=1}^{n}e_j\varphi_i(x_j)$$

其中，$\varphi_i(x_j)$ 是第 i 个隐含层神经元对应的输入；η_1，η_2，η_3 为学习速率，取值一般不相等。

（4）正交最小二乘法

正交最小二乘法（orthogoal least square）的思想来源于线性回归模型。神经网络的输出实际上是隐含层神经元的某种响应参数（回归因子）和输出权值之间的线性组合，所有的隐含层神经元构成回归向量，学习过程主要是回归向量正交化的过程。该算法要求所有输入数据都被选为隐含层数据中心 c_i，因此对应的 σ_i 都相同，通过修正权值 w_i 的大小，直接计算出输出矢量 $Y=(y_1, y_2, \cdots, y_m)^T$ 的值[33]。设 $y_i \in R^1$ 为神经网络的期望输出响应，则其可表示为：

$$y_i=\sum_{j=1}^{h}p_{ji}w_j+e_i,\quad i=1, 2, \cdots, m, j=1, 2, \cdots, h \quad (4.27)$$

其中，h 为隐含层神经元数目；e_i 为残差；p_{ji} 为回归因子，它一般可表示为：

$$p_{ji}=R(\| x_i-c_j \|),\quad i=1, 2, \cdots, m, j=1, 2, \cdots h \quad (4.28)$$

将上述方程都表示为矩阵形式，则有：

$$Y=PW+E \quad (4.29)$$

其中：

$$
\begin{aligned}
&Y=(y_1,\ y_2,\ \cdots,\ y_m)^T\\
&W=(w_1,\ w_2,\ \cdots,\ w_m)^T\\
&P=(P_1,\ P_2,\ \cdots,\ P_m)^T;\ P_j=(p_{j1},\ p_{j2},\ \cdots,\ p_{jm})^T\\
&E=(e_1,\ e_2,\ \cdots,\ e_m)^T
\end{aligned}
\tag{4.30}
$$

其中，P 为回归矩阵，正交最小二乘法的基本思想就是通过将 P_j 正交化，分析 P_j 对降低残差的贡献率，选择合适的回归因子 P_j 以及其个数 h。

7. RBF 神经网络的优点及存在问题

RBF 神经网络是具有层次结构的前馈型神经网络系统，隐含层神经元的激活函数——径向基函数使得只有当输入落在输入空间中的指定区域时，隐含层神经元才会做出非零响应，因此它具有局部响应特性。RBF 神经网络具有最佳逼近的性能，并且利用局部逼近的总和来达到全局逼近的特性，不存在局部最优问题，由此可完成对训练数据的拟合。由于只有少数权值会影响神经网络的输出，所以在学习过程中只需要对少数权值进行调整，这使得学习速度大大提高。

但 RBF 神经网络仍然存在一些问题：RBF 神经网络结构的确定主要取决于隐含层神经元的个数，但在前面的讨论中隐含层神经元个数都需要经过大量实验或者由经验所得，这就导致隐含层神经元个数的选取可能不是最优值；RBF 神经网络中隐含层神经元中心值的确定一般采用聚类的方法，而如何选取合适的度量指标还有待进一步研究。

第三节 支持向量机

1. 支持向量机发展简史

支持向量机（support vector machine，SVM）是一种有监督学习方法，由于它的最大特点是能同时最小化经验误差与最大化几何边缘区，因此也被称为最大边缘区分类器。

1963 年，苏联学者 Vladimir N. Vapnik 和 Alexander Y. Lerner 发表关于模式识别中广义肖像算法的研究，SVM 就是由其发展而来的分类器。1964 年，Vapnik 和 Alexey Y. Chervonenkis 对广义肖像算法进行了拓展和深入研究并建立了硬间隔的线性 SVM。后来，随着模式识别中最大边距决策边界的理论研究、基于松弛变量的规划问题求解技术的出现和 VC 维的提出，SVM 被逐步理论化并成为统计学习理论的一部分。1992 年，Bernhard E. Boser、Isabelle M. Guyon 和 Vapnik 通过核方法得到了非线性 SVM。1995 年，Corinna Cortes 和 Vapnik 提出了一种基于统计学习的二类分类模型，它可以在学习过程中通过最大化分类间隔使得结构风险最小化。

2. 支持向量机概念简介

（1）SVM

SVM 是一种有监督学习模型，它的基本模型是定义在特征空间上的间隔最大的线性分类器，其决策边界是对学习样本求解的最大边距超平面，学习策略便是使间隔最大化，最终可转化为一个凸二次规划问题的求解。SVM 根据有限的样本信息在模型复杂性和学习能力之间寻求最佳折中，来争取获得最好的泛化能力。

（2）支持向量

支持向量集是指在训练集中，分类时给予最多信息的点的集合，图 4.5 中 A、B、C 三点所组成的集合就被称为支持向量集。支持向量是由描述超平面的若干参数组成的向量，也即支持向量就是与分类边界距离最近的训练点。由此可以得到：支持向量机的分类边界可由支持向量决定，而与其他点无关。

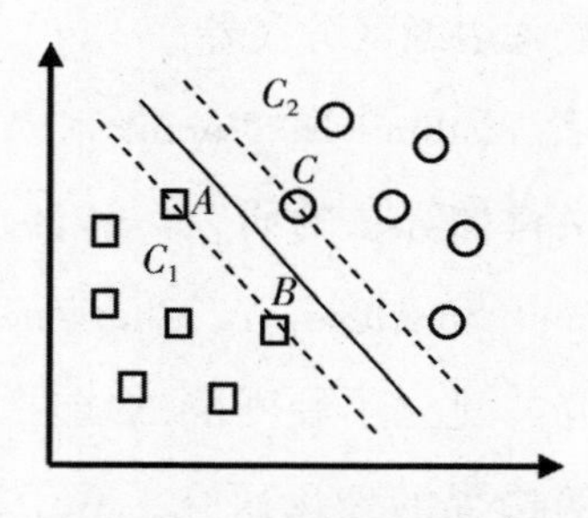

图 4.5　支持向量概念介绍

（3）超平面

超平面是 n 维欧氏空间中余维度等于一的线性子空间，也即超平面必须是（n-1）维度。超平面是平面中的直线、空间中的平面的推广，只有当 n>3 时，才能称为“超平面”，它的本质是自由度比空间维度小 1。

对于 SVM 来说，超平面是最适合分开两类数据的直线，而判定“最适合”的标准就是寻找一个超平面，使得离超平面较近的点能有更大的间隔（超平面与最近的点之间的距离就被称为间隔），由此可以降低泛化误差。简单来说，SVM 不考虑所有的点都必须远离超平面，SVM 追求超平面能够让离它最近的点具有最大间隔。在图 4.6

中（b）、（c）都是对（a）中的两类数据进行分割，可以认为（b）中的分割平面 H_1 为更好的选择，因为其拥有更大的间隔。

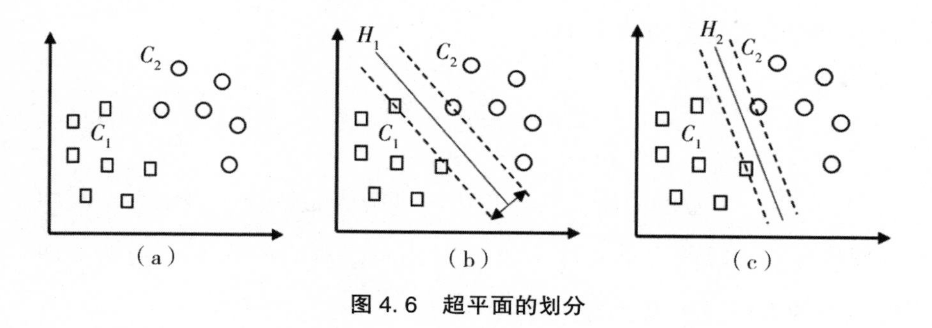

图 4.6 超平面的划分

3. 线性 SVM 的数学模型

（1）超平面方程

令超平面的线性方程为分类函数 $f(\vec{x}) = \vec{\omega}^T\vec{x} + b$，其中 $\vec{\omega} = [\omega_1, \omega_2, \cdots, \omega_n]^T$，$\vec{x} = [x_1, x_2, \cdots, x_n]^T$。当 $f(\vec{x}) = 0$ 时，$\vec{x}$ 是位于超平面上的点，满足 $f(\vec{x}) > 0$ 的点对应 $y=1$ 的数据点，$f(\vec{x}) < 0$ 的点对应 $y=-1$ 的点[34]。

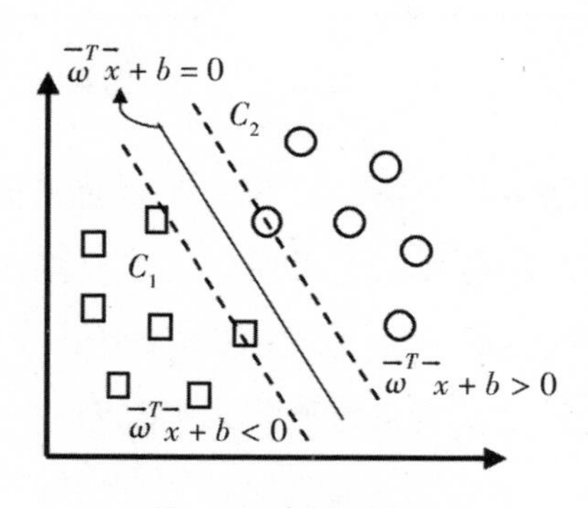

图 4.7 超平面方程

（2）间隔大小的计算公式以及约束条件

由点到直线的距离的推导公式可得，样本空间中任意一点 $\vec{x}$ 到超平面的距离都可以表示为

$$d = \frac{|\vec{\omega}^T \vec{x} + b|}{\vec{\omega}} \tag{4.31}$$

其中，$\|\vec{\omega}\|$ 为 $\vec{\omega}$ 的二阶范数，也可以理解为 $\vec{\omega}$ 的模，表示在空间中 $\vec{\omega}$ 的长度。间隔的大小实际上就是支持向量对应的样本点到超平面的距离的 2 倍，可表示为：

$$\gamma = 2d \tag{4.32}$$

所以若要使 γ 最大化，便可转化为 d 最大化，如图 4.8 所示。

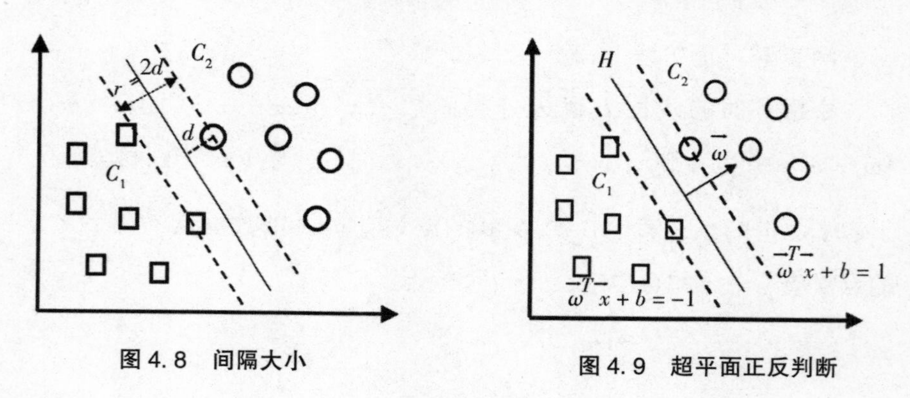

图 4.8　间隔大小

图 4.9　超平面正反判断

在考虑 d 最大化的约束条件之前，先对超平面正反的判断做一个说明，超平面可以将它所在空间划分为正反两面，法向量 $\vec{\omega}$ 所指一侧便为正面，另一面则是反面，如图 4.9 所示，数据 C_2 所在面为正面，C_1 所在面为反面。若将距离公式修改为

$$d = \frac{\vec{\omega}^T \vec{x} + b}{\|\vec{\omega}\|} \tag{4.33}$$

则 d 的值为正表示数据点在超平面的正面，且随着值的增大而距离

平面越远，反之 d 的值为负表示数据点在超平面的反面，且随着值的减小而距离超平面越远。

首先考虑超平面将两类数据点正确分类所需要的约束条件，图 4.9 中的数据点分为 C_1、C_2 两类，将每个数据点 $\vec{x}_i$ 加上类别标签 y_i：

$$y_i = \begin{cases} 1 & \forall \vec{x}_i \in C_2 \\ -1 & \forall \vec{x}_i \in C_1 \end{cases} \tag{4.34}$$

通过比较 $\vec{\omega}^T\vec{x} + b$ 与 y_i 的符号是否一致便可判断分类是否正确。在 SVM 中，一个点距离超平面的远近可以表示对分类预测的信心。在超平面确定的情况下，可以使用函数间隔来表示分类的正确性和确信度。

对于给定的训练样本（x_i，y_i），定义函数间隔为：

$$\bar{\gamma} = y_i(\vec{\omega}^T\vec{x}_i + b) \tag{4.35}$$

即：

$$\bar{\gamma} = |\vec{\omega}^T\vec{x}_i + b| \tag{4.36}$$

由于需要求解的是：

$$|\vec{\omega}^T\vec{x}_i + b| = 0 \tag{4.37}$$

对 $\vec{\omega}$ 和 b 同时扩大 n 倍对等式没有影响，但会使 $\bar{\gamma}$ 的值发生变化，因此为了限制 $\vec{\omega}$ 和 b，需要加入归一化条件。定义全局样本上的函数间隔为：

$$\bar{\gamma} = \min_{i=1,2,\cdots,n} \bar{\gamma}_i \tag{4.38}$$

在 SVM 中，当数据点被超平面正确分类时，该点与超平面的距离称为几何间隔。样本空间的任意点 x_i 到超平面的距离为：

$$d = \gamma_i = \frac{|\vec{\omega}^T \vec{x} + b|}{\|\vec{\omega}\|} = \frac{\bar{\gamma}_i}{\|\vec{\omega}\|} \tag{4.39}$$

由此，定义全局几何间隔为：

$$\gamma = \min_{i=1, 2, \cdots, n} \gamma_i \tag{4.40}$$

限制 $\bar{\gamma}$ 的值，来保证所得解的唯一性，方便起见，令 $\bar{\gamma} = 1$，可将上述等式化为：

$$d = \frac{1}{\|\vec{\omega}\|}, \ \gamma = \frac{2}{\|\vec{\omega}\|} \tag{4.41}$$

这样，目标函数就表达为：

$$\max \frac{2}{\|\vec{\omega}\|} \ s.t.\ y_i(\vec{\omega}^T \vec{x} + b) \geqslant 1, \quad i = 1, 2, \cdots, n \tag{4.42}$$

习惯于最小值的优化问题，故可等价转化为：

$$\min_{\omega, b} \frac{\|\vec{\omega}\|^2}{2} \ s.t.\ y_i(\vec{\omega}^T \vec{x} + b) \geqslant 1, \quad i = 1, 2, \cdots, n \tag{4.43}$$

（3）约束条件下最优问题的优化模型

现在目标函数为：

$$\min_{\omega, b} \frac{\|\vec{\omega}\|^2}{2} \ s.t.\ y_i(\vec{\omega}^T \vec{x} + b) \geqslant 1, \quad i = 1, 2, \cdots, n \tag{4.44}$$

该函数是二次的，其约束条件是线性的，所以这是一个凸二次规划问题，可以用拉格朗日乘数法进行优化。利用拉格朗日乘数法，对每个约束条件都添加一个拉格朗日乘子 $\alpha_i \geqslant 0$，故上述目标函数可变为：

$$L(\vec{\omega}, b, \alpha) = \frac{1}{2} \|\vec{\omega}\|^2 + \sum_{i=1}^{n} \alpha_i [1 - y_i(\vec{\omega}^T \vec{x} + b)] \tag{4.45}$$

为了简化表述，令：

$$\theta(\vec{\omega}) = \max_{\alpha_i \geq 0} L(\vec{\omega}, b, \alpha) \tag{4.46}$$

若有某个约束条件不满足，即 $y_i(\vec{\omega}^T \vec{x} + b) < 1$，那么当 $\alpha_i = \infty$ 时，易得 $\theta(\vec{\omega}) = \infty$，当所有约束条件都满足时，$\theta(\vec{\omega})$ 的最优值就是 $\frac{1}{2} \|\vec{\omega}\|^2$，与目标函数相同，直接最小化 $\theta(\vec{\omega})$，目标函数变为：

$$\min_{\omega, b} \theta(\vec{\omega}) = \min_{\omega, b} \max_{\alpha_i \geq 0} L(\vec{\omega}, b, \alpha) = p* \tag{4.47}$$

由于具有 $\vec{\omega}$ 和 b 两个参数，并且还有 $\alpha_i > 0$ 这一不等式的约束，直接进行求解难度大，将最小值与最大值交换位置，即转化为：

$$\min_{\omega, b} \max_{\alpha_i \geq 0} L(\vec{\omega}, b, \alpha) = d* \tag{4.48}$$

满足 $d* \leq p*$，$d*$ 是 $p*$ 的近似解且在满足某些条件的情况下两者相等，可以通过将原始问题转化为对偶问题来间接求解。

首先对 $d* = p*$ 所需的条件进行说明，两者等价需要满足强对偶，而在 KKT（Karush-Kuhn-Tucker）条件中需要满足约束规范性条件且约束规范性条件之一就是 Slater 条件，由此条件可以推出强对偶性质，所谓的 Slater 条件就是在凸优化问题中，如果存在一个点 $\vec{x}$，使得所有等式约束成立且所有不等式约束严格成立，在此处 Slater 条件成立，KKT 条件是对最优解的约束，而原始问题中的约束条件是对可行解的约束。KKT 条件是一个非线性规划问题能有最优化解法的充要条件[35]。最优化问题的数学模型可表示为以下标准形式：

$$\begin{cases} \min f(x) \\ s.t.\ g_j(x) \leq 0 \quad j = 1, 2, \cdots, m, \ h_k(x) = 0, \ k = 1, 2, \cdots, l \end{cases} \tag{4.49}$$

KKT 条件就是指最优化数学模型的标准形式中最小点 x^* 必须满

足以下条件：

$$\begin{aligned}&\frac{\partial f}{\partial x_i}+\sum_{j=1}^{m}\mu_j\frac{\partial g_i}{\partial x_i}+\sum_{k=1}^{l}\lambda_k\frac{\partial k_k}{\partial x_i}=0,\quad i=1,2,\cdots,m\\&h_k(x)=0,\quad k=1,2,\cdots,l\\&\mu_j g_j(x)=0,\quad j=1,2,\cdots,m\\&\lambda_k\neq 0,\ \mu_j\geqslant 0\end{aligned}\tag{4.50}$$

经过验证，这里的原始问题满足KKT条件，即现在所需要解决的就是对偶问题的求解。首先固定 α，使得 L 关于 $\vec{\omega}$ 与 b 取得最小值，对 $\vec{\omega}$ 与 b 求偏导，并令其为0，可得：

$$\begin{aligned}&\frac{\partial L}{\partial \vec{\omega}}=0\Rightarrow\vec{\omega}=\sum_{i=1}^{n}\alpha_i y_i\vec{x}_i\\&\frac{\partial L}{\partial b}=0\Rightarrow\sum_{i=1}^{n}\alpha_i y_i=0\end{aligned}\tag{4.51}$$

进而可得：

$$L(\vec{\omega},b,\alpha)=\frac{1}{2}\|\vec{\omega}\|^2-\sum_{i=1}^{n}\alpha_i[y_i(\vec{\omega}^T\vec{x}_i+b)-1]\tag{4.52}$$

从而有：

$$L(\vec{\omega},b,\alpha)=\sum_{i=1}^{n}\alpha_i-\frac{1}{2}\sum_{i=1}^{n}\alpha_i\alpha_j y_i y_j\vec{x}_i{}^T\vec{x}_j\tag{4.53}$$

接下来，使 α 极大化，得到对偶问题：

$$\begin{aligned}&\max_{\alpha_i\geqslant 0}\sum_{i=1}^{n}\alpha_i-\frac{1}{2}\sum_{i=1}^{n}\alpha_i\alpha_j y_i y_j\vec{x}_i{}^T\vec{x}_j\\&s.t.\ \sum_{i=1}^{n}\alpha_i y_i=0,\ \alpha_i\geqslant 0,\ i=1,2,\cdots,n\end{aligned}\tag{4.54}$$

上式仅与 α_i 有关，在求出 α_i 的前提下可根据 $\vec{\omega} = \sum_{i=1}^{n} \alpha_i y_i x_i$ 求出 $\vec{\omega}$，再由上文中函数间隔取为 1 的假设求得 b 的大小。

最后一步利用序列最小优化（sequential minimal optimization, SMO）算法求解拉格朗日乘子 α。SMO 算法的基本思想为每次选取一对（α_i，α_j），固定 $\alpha = \{\alpha_1, \alpha_2, \cdots, \alpha_n\}$ 中的其他值，然后代入对偶问题的二次规划中求最优解，获得更新后的（α_i，α_j），重复上述步骤直至收敛。分类函数最终可表示为：

$$f(\vec{x}) = \vec{\omega}^T \vec{x} + b = \sum_{i=1}^{n} \alpha_i y_i \vec{x}_i^{\,T} \vec{x} + b = \sum_{i=1}^{n} \alpha_i y_i \langle \vec{x}_i, \vec{x} \rangle + b \tag{4.55}$$

从式（4.56）可知，对于新的数据点 $\vec{x}$ 的预测，只需计算其与训练样本的内积即可。

4. 非线性 SVM 的数学模型

现实生活中所面对的实际数据复杂多样，大部分都是线性不可分的数据，满足条件的超平面几乎不存在，SVM 通过引入核函数将数据映射到高维空间，使得样本在高维特征空间线性可分，从而很好地解决了原始空间线性不可分问题[36]。

现在我们知道建立非线性 SVM 模型所需要的步骤是首先利用核函数做非线性映射将数据映射到高维特征空间，然后再选择一个线性分类器在特征空间进行分类。

令 $\vec{x} \rightarrow \varphi(\vec{x})$，与线性 SVM 模型类似，在特征空间的分类函数可表示为：

$$f(\vec{x}) = \vec{\omega}^T \varphi(\vec{x}) + b \tag{4.56}$$

目标函数为：

$$\min_{\omega,\ b} \frac{1}{2} \|\vec{\omega}\|^2 \quad s.t.\ y_i[\vec{\omega}^T \varphi(\vec{x}_i) + b] \geqslant 1,\ i = 1,\ 2,\ \cdots,\ n \tag{4.57}$$

对偶问题是：

$$\max_{\alpha_i \geqslant 0} \sum_{i=1}^{n} \alpha_i - \frac{1}{2} \sum_{i=1}^{n} \alpha_i \alpha_j y_i y_j \varphi(\vec{x}_i)^T \varphi(\vec{x}_j)$$
$$s.t.\ \sum_{i=1}^{n} \alpha_i y_i = 0,\ \alpha_i \geqslant 0,\ i = 1,\ 2,\ \cdots,\ n \tag{4.58}$$

由于特征空间的维数过高，可能会导致求解对偶问题时样本在特征空间的内积计算困难，因此引入核函数，即：

$$K(\vec{x}_i,\ \vec{x}_j) = \langle \varphi(\vec{x}_i),\ \varphi(\vec{x}_j) \rangle = \varphi(\vec{x}_i)^T \varphi(\vec{x}_j) \tag{4.59}$$

由 Mercer 定理可知任何半正定的函数都可以作为核函数，因此验证核函数是否有效只需要计算出每个 $K_{ij} = K(\vec{x}_i,\ \vec{x}_j)$，然后判断矩阵 K 是否是半正定的，可以根据矩阵的所有特征值是否都非负或所有主子式是否非负来判定。得到有效的核函数后，可以重新整理式子得：

$$\max_{\alpha_i \geqslant 0} \sum_{i=1}^{n} \alpha_i - \frac{1}{2} \sum_{i=1}^{n} \alpha_i \alpha_j y_i y_j K(\vec{x}_i,\ \vec{x}_j)$$
$$s.t.\ \sum_{i=1}^{n} \alpha_i y_i = 0,\ \alpha_i \geqslant 0,\ i = 1,\ 2,\ \cdots,\ n \tag{4.60}$$

求解得到：

$$f(\vec{x}) = \vec{\omega}^T \varphi(\vec{x}) + b = \sum_{i=1}^{n} \alpha_i y_i \varphi(\vec{x}_i)^T \varphi(\vec{x}) + b$$
$$= \sum_{i=1}^{n} \alpha_i y_i K(\vec{x}_i,\ \vec{x}) + b \tag{4.61}$$

对于 SVM 与 RBF 神经网络的区别做一个补充说明，SVM 中的核函数是与每一个输入点的距离，而 RBF 神经网络则对输入点进行了聚类。RBF 神经网络中核函数的数据中心有两种情况，一是从训练样本中抽样，这与 SVM 中核函数等价；二是训练样本集的聚类中心，这在 SVM 中可将训练中心看成样本本身。

5. 具有噪点的 SVM 模型

通过加入核函数对线性 SVM 进行了推广，使得其在非线性分类问题上也有了较好的应用，但我们依然很难确定一个合适的核函数将样本在特征空间中完全分隔开，有些时候造成样本数据不可分的原因并不是它的数据结构是非线性的，而是样本数据中由偏离正常位置很远的点，将这样的点称为噪点（Outlier）。本身超平面上只有少数支持向量，若支持向量中还存在噪点，噪点的存在就会对 SVM 产生很大的影响。

为了解决噪点问题，引入了松弛向量，简单来说，前面所建立的 SVM 模型都是要求所有样本点都划分正确，在加入松弛向量的情况下，噪点也属于支持向量，也可理解为允许支持 SVM 在分类上出现一些错误[37]。有了松弛向量 $\xi_i \geqslant 0$ 之后，约束条件变为：

$$y_i[\vec{\omega}^T\varphi(\vec{x}_i) + b] \geqslant 1 - \xi_i, \ i = 1, 2, \cdots, n \tag{4.62}$$

也可以看到若 $\vec{\xi}_i$ 任意大，那么超平面的存在就没有意义了，所以需要令 $\vec{\xi}_i$ 的总和最小，就是分类错误的数据点尽量少，此时的目标函数为：

$$\min_{\omega, b} \frac{1}{2} \|\vec{\omega}\|^2 + C\sum_{i=1}^{n} \vec{\xi}_i \ s.t. \ y_i[\vec{\omega}^T\varphi(\vec{x}_i) + b] \geqslant 1 - \vec{\xi}, \ \vec{\xi} \geqslant 0, \ i = 1, 2, \cdots, n \tag{4.63}$$

新的拉格朗日函数为：

$$L(\vec{\omega}, b, \vec{\xi}, \alpha, \mu) = \frac{1}{2}\|\vec{\omega}\|^2 + C\sum_{i=1}^{n}\vec{\xi}_i + \sum_{i=1}^{n}\alpha_i[1 - \vec{\xi}_i - y_i(\vec{\omega}^T\vec{x}_i + b)] - \sum_{i=1}^{n}\mu_i\vec{\xi}_i \tag{4.64}$$

与前面的方法相同，让 L 对 $\vec{\omega}$ 、b 和 $\vec{\xi}$ 求偏导并令其为 0 得到：

$$\begin{aligned} &\frac{\partial L}{\partial \vec{\omega}} = 0 \Rightarrow \vec{\omega} = \sum_{i=1}^{n}\alpha_i y_i \vec{x}_i \\ &\frac{\partial L}{\partial b} = 0 \Rightarrow \sum_{i=1}^{n}\alpha_i y_i = 0,\ i = 1, 2, \cdots, n \\ &\frac{\partial L}{\partial \vec{\xi}_i} = 0 \Rightarrow C = \alpha_i + \mu_i \end{aligned} \tag{4.65}$$

因为 $\mu_i \geqslant 0$，而 $C = \alpha_i + \mu_i$ ，所以有 $0 \leqslant \alpha_i \leqslant C$ ，最终目标函数为：

$$\begin{aligned} &\max_{\alpha_i \geqslant 0} \sum_{i=1}^{n}\alpha_i - \frac{1}{2}\sum_{i=1}^{n}\alpha_i\alpha_j y_i y_j \vec{x}_i^{\ T}\vec{x}_j \\ &s.t.\ \sum_{i=1}^{n}\alpha_i y_i = 0,\ 0 \leqslant \alpha_i \leqslant C,\ i = 1, 2, \cdots, n \end{aligned} \tag{4.66}$$

6. SVM 的优缺点

SVM 的分类函数只由少部分的支持向量所决定，支持向量的数目直接决定了计算的复杂性，有助于关键样本点的提取与冗余样本的去除，增减非支持向量的数据点对于 SVM 没有影响，这一性能使得其拥有较好的鲁棒性。SVM 的分类思想简单，就是将支持向量与超平面的间隔最大化且分类性能较好。

由于 SVM 在解决多分类问题时有时存在困难，它对缺失数据以及参数与核函数的选择都十分敏感。

第五章

优化算法

机器嗅觉的算法系统包括特征提取和模式识别等环节，每个环节都有参数需要设置，一些重要参数的值，将直接影响系统的工作性能（如训练耗时和识别率等），例如 BP 神经网络的隐含层神经元个数，虽然很多研究者给出了可供参考的经验计算公式，但是这些经验并不完全适用于所有领域。本章将介绍使用优化算法进行机器嗅觉算法系统的参数设置。

第一节 群体优化算法概述

人们在对生物界中各种自然现象或过程的研究中获得灵感，提出了许多用于解决现实复杂优化问题的方法。

J. Holland 教授在 1975 年提出了一种由生物界的进化规律——适者生存，优胜劣汰的遗传机制——演化而来的随机化搜索方法，被称为遗传算法（genetic algorithm，GA）。N. Metropolis 等人提出了模拟退火算法（simulated annealing，SA），它基于蒙特卡洛（Monte-Carlo）迭代求解策略的随机寻优策略，出发点是基于物理中固体物质的退火过程与一般组合优化问题之间的相似性。Marco Dorigo 博士于 1992 年在他的博士论文中提出了蚁群算法（ant colony optimization，ACO），这是一种用来在途中寻找优化路径的概率型算法，灵感来源于蚂蚁在寻找食物时发现最近路径的行为。在音乐演奏中，乐师们凭借自己的记忆，反复调整乐队中各乐器的音调，最终达到一个美妙的和声状态，在这个现象中 Z. M. Geem 得到灵感，提出了和声搜索方法。在机器嗅觉系统的参数优化中，使用比较广泛的是粒子群优化算法（particle swarm optimization，PSO），因此本章将重点围绕粒子群算法展开介绍。

PSO 最早是由 Eberhart 博士和 Kennedy 博士在 1995 年共同提出的[38]。这个算法是在对鸟群觅食过程的研究中发现的，可以将其描述为：假设鸟群觅食的区域只有一块食物（即所优化问题的最优解），整个鸟群要在这个区域中搜寻这块食物，鸟在寻找食物的过程中，不停地进行相互之间信息的交换，最后发现鸟群会聚集到食物所在的区域，并找到食物。在鸟群进行信息交换的过程中，通过人为地制定一些规则来估计自身位置的适应值，并让鸟群中的每个成员记住自身在搜索食物过程中找到的最优位置，记为“局部最优位置”，同时，还要记住鸟群中所有的成员在搜索食物过程中找到的最好位置，记为“全局最优位置”，由于确定了这两个最优位置，鸟群在搜索食物的过程中就会朝着这些方位移动，并最终确定食物的位置，这就是结合了鸟群觅食的 PSO 算法。

为了提高 PSO 算法的优化能力，Shi 和 Eberhart 在 PSO 的基础上，引入惯性权重，提出了标准粒子群优化算法[39-40]（standard particle swarm optimization，SPSO）。惯性权重的加入，改变粒子在各个时期的搜索区域，提高了收敛速度以及增强了优化性能。

随着粒子群优化算法不断改善，孙俊等人从量子力学的角度出发，并结合 PSO 的基本原理，提出了量子粒子群优化算法[41]（quantum-behaved particle swarm optimization，QPSO）。QPSO 在数学上被证明在迭代次数接近于无穷大时，能够以概率 1 找到参数最优值，不过在实际运用过程中，粒子的迭代次数即便取一个很大的值也终归是有限的，而一旦迭代次数受限，QPSO 就无法保证总能找到全局最优解。近年来，很多改进的 QPSO 被提出，在本章中，我们也要介绍一种改进的量子粒子群优化算法[42]（enhanced quantum-behaved particle swarm optimization，EQPSO），EQPSO 通过改变局部吸引子式中的权值大小，使得优化算法收敛速度加快，从而在有限的迭代次数中尽可能地找到最优解。

Gandomi 和 Alavi 在 2012 年提出了磷虾群优化算法[43]（krill herd，KH），这是受到磷虾群觅食行为的启发而形成的，是解决全局优化问题的一种新的随机优化方法。但在具体使用时，可能会出现无法快速收敛的情况，因此本章我们设计了新型的一种计算决策权重因子的方法，提出了一种改进的磷虾群优化算法（enhanced krill herd，EKH）。实验证明，EKH 拥有更好的全局搜索能力性能和更高的收敛速度。

第二节　粒子群优化算法

在粒子群算法中，每一个候选解都为一个“粒子”，所有的粒子都看作没有质量和体积。假设该粒子群由 m 个粒子组成，并将其放在一个 D 维的目标空间中，设第 i 个粒子（$i=1, 2, \cdots, m$）在 D 维空间中的位置表示为 $X_i = (x_{i1}, x_{i2}, \cdots, x_{iD})$，根据事先设置好的自适应函数计算当前 X_i 的适应值，用来衡量粒子当前位置优劣。同时，第 i 个粒子在 D 维空间中的飞行速度为 $V_i = (v_{i1}, v_{i2}, \cdots, v_{iD})$，粒子迄今为止搜索到的最优位置表示为 $pbest_i = (p_{i1}, p_{i2}, \cdots, p_{iD})$，整个粒子群迄今为止搜索到的最优位置为 $gbest_{gd} = (p_{g1}, p_{g2}, \cdots, p_{gD})$，$g$ 是指所有粒子中最好的粒子。

在算法迭代过程中，粒子的速度和位置更新如下所示：

$$V_{id}(t) = V_{id}(t-1) + c_1 r_1 [pbest_{id} - X_{id}(t-1)] + c_2 r_2 [gbest_{gd} - X_{id}(t-1)] \tag{5.1}$$

$$X_{id}(t) = X_{id}(t-1) + V_{id}(t) \tag{5.2}$$

其中，$i = 1, 2, \cdots, m$；$d = 1, 2, \cdots, D$；t 是迭代次数；c_1 和 c_2 为学习因子，又称为加速常数（acceleration coefficient），这两个常数使粒子具有自我总结和向群体中优秀个体学习的能力，从而向自己的粒子最优点以及群内最优点靠近。一般情况下，$c_1 = c_2 = 2$。r_1 和 r_2 为 $[0, 1]$ 之间的随机数，这两个参数用来保持群体的多样性。同时，每一维粒子的速度和位置都会被限制到一个速度空间（$v_{\min}$，$v_{\max}$）和位置空间（$x_{\min}$，$x_{\max}$）中。

从上述式（5.1）可以看出，粒子速度的更新由 3 个部分组成：首先是记忆项，是上一代粒子速度和方向对当前代粒子速度和方向的影响，表示粒子对自身运动状态的信任，依据自身的速度进行惯性运动；第二部分是自身认知项，表示粒子综合考虑自身以往的经历，向自己曾经找到的最好位置靠近，反映的是一个增强学习过程；第三部分是群体认知项，考虑邻域内其他粒子的经验，反映了粒子间的协同合作和知识共享，当单个粒子察觉同伴较好经验的时候，将进行适应性的调整，向群体找到的最好位置靠近。

第三节 标准粒子群优化算法

为了提高粒子群算法的优化能力，Shi 和 Eberhart 在 1998 年 IEEE 会议上对 PSO 算法加以改进，引入了惯性权重，提出了 SPSO。加入了惯性权重 ω 后，式（5.1）变为式（5.3）：

$$V_{id}(t) = \omega V_{id}(t-1) + c_1 r_1 [pbest_{id} - X_{id}(t-1)] + c_2 r_2 [gbest_{gd} - X_{id}(t-1)] \tag{5.3}$$

式（5.3）与式（5.2）构成了 SPSO 算法。其中，ω 是线性递减的，其计算公式为：

$$\omega(t) = \omega_{start} - \frac{\omega_{start} - \omega_{end}}{t_{max}} \times t \tag{5.4}$$

其中，ω_{start} 是算法迭代过程中惯性权重的初始值，ω_{end} 为迭代结束时的惯性权重值，t 是当前迭代次数，t_{max} 是算法运行中自定义的最大迭代次数。

Shi 等在 1999 年试验了将 m 从 0.9 通过线性变化降到 0.4，在实验过程中，由于初始惯性权重 ω_{start} 较大，让粒子群具有较大的搜索空间，全局搜索能力较强，能够更加靠近最优解，随着 ω 值的逐渐减小，粒子的速度逐渐降低，使得局部搜索能力增强。这个方法让粒子群在迭代初期具有很强的全局搜索能力，在迭代后期具有很强的局部搜索能力，加快了收敛速度，并提高粒子群的性能。

引入惯性权重也有一定的不足，如果在迭代的初期，全局搜索能力很强的时候没有找到最优解的点，那么随着 ω 的逐渐减小，就会陷入局部最优。

第四节　量子粒子群优化算法

在介绍 QPSO 之前，先对 PSO 的收敛行为进行简单的介绍。Clerc M. 通过代数和数学分析方法，对 PSO 中粒子的收敛行为进行分析。研究表明，粒子 i 的收敛过程中是以点 P_i 为吸引子，其中 $P_i = (p_{i,1}, p_{i,2}, \cdots, p_{i,d})$，每一维的坐标为：

$$p_{i,j} = \frac{c_1 r_1 \times pbest_{i,j} + c_2 r_2 \times gbest_j}{c_1 r_1 + c_2 r_2},\ 1 \leqslant j \leqslant d \tag{5.5}$$

即：

$$p_{i,j} = \varphi_{i,j} \times pbest_{i,j} + (1 - \varphi_{i,j}) \times gbest_i,\ 1 \leqslant j \leqslant d \tag{5.6}$$

通常 $c_1 = c_2$，$\varphi_{i,j}$ 为区间（0，1）上的均匀随机数，即 $\varphi_{i,j} \sim U(0, 1)$。由于惯性权重 ω 在迭代过程中线性下降，粒子速度也逐渐减小并不断接近 P_i 点，最后收敛于该点。在这个收敛过程中，P_i 点处存在某种吸引势能吸引该粒子，这是整个粒子群体保持着聚集性的原因。孙俊等人从量子力学的角度出发，并结合 PSO 基本原理，提出了 QPSO，下面详细介绍 QPSO 的数学模型[41,44]。

在量子空间中，粒子的速度和位置是不能同时确定的，因此粒子的状态必须用波函数 $\psi(X, t)$ 来描述，其中 X 为粒子位置。波函数模的平方为粒子在空间中某一点出现的概率密度，因此，波函数具有以下特性：

$$\int_{-\infty}^{+\infty} |\psi|^2 dxdydz = \int_{-\infty}^{+\infty} Q dxdydz = 1 \tag{5.7}$$

其中，Q 为概率密度函数。在量子力学中粒子运动的动力学方程为薛定谔方程，如下式所示：

$$i\hbar\frac{\partial}{\partial t}\psi(X,t)=H\psi(X,t),\ H=-\frac{\hbar^2}{2m}\nabla^2+V(X) \tag{5.8}$$

其中，H 是哈密顿算子，$\hbar$ 为普朗克常量，m 为粒子质量，$V(X)$ 为粒子所处势能。如果粒子处于定态，即具有一定的能量状态，则波函数可以改写为：

$$\psi(X,t)=\varphi(X)e^{\frac{-iEt}{\hbar}} \tag{5.9}$$

将式（5.9）代入到式（5.8）可得：

$$\frac{d^2\varphi}{dX^2}+\frac{2m}{\hbar^2}[E-V(X)]\varphi(X)=0 \tag{5.10}$$

其中，E 为粒子的能量，该方程称为定态薛定谔方程。以吸引子 P_i 建立的一维 δ 势阱，其势能函数为：

$$V(X)=-\gamma\delta(Y),\ Y=X-p_i \tag{5.11}$$

代入定态薛定谔方程（5.10）可得粒子以 P_i 点为吸引子的 Delta 势阱中的定态薛定谔方程为：

$$\frac{d^2\varphi}{dY^2}+\frac{2m}{\hbar^2}[E+\gamma\delta(Y)]\varphi=0 \tag{5.12}$$

可以解得：

$$\varphi(Y)=\frac{1}{\sqrt{L}}e^{\frac{-|Y|}{L}} \tag{5.13}$$

其中，$L=1/\beta=\hbar^2/m\gamma$。由波函数特性可得相应概率密度函数和分布函数分别为：

$$Q(Y)=|\varphi(Y)^2|=\frac{1}{L}e^{\frac{-2|Y|}{L}} \tag{5.14}$$

$$F(Y)=1-e^{-\frac{2|Y|}{L}},\ Y=X-p_i \tag{5.15}$$

量子波函数 $\varphi(Y)$ 仅给出粒子在相对于 p_i 点位置 Y 的概率密度函

数，因此，为了给出粒子的精确位置，必须将量子状态变换为经典状态，根据蒙特卡洛随机模拟方法，令 $v \sim U(0,\ 1)$ [即 v 为区间 (0, 1) 上均匀分布的随机数]，并且使其等于式（5.15）的左边，可得：

$$v = 1 - e^{-\frac{2|Y|}{L}} \Rightarrow 1 - v = e^{-\frac{2|Y|}{L}}，令\ u = 1 - v,\ u \sim U(0,\ 1) \tag{5.16}$$

由于 $Y = X - p_i$，可得到粒子位置的方程为：

$$X_{i,\ j} = p_{i,\ j} \pm \frac{L}{2}\ln\left(\frac{1}{u}\right),\ u \sim U(0,\ 1) \tag{5.17}$$

其中，$p_{i,\ j}$ 为局部吸引子，在标准 QPSO 中，可以用式（5.18）计算得到：

$$p_{i,\ j} = \beta pbest_{i,\ j} + (1 - \beta) gbest_j,\ \beta \sim U(0,\ 1) \tag{5.18}$$

而 L 可由式（5.19）计算可得：

$$L = 2\alpha |mbest - X_{i,\ j}| \tag{5.19}$$

其中，$mbest$ 为每个粒子目前位置找到的最优位置的均值及平均最优位置，其计算方式如下：

$$mbest = \frac{1}{M}\sum_{i=1}^{M} pbest_i = \left(\frac{1}{M}\sum_{i=1}^{M} pbest_{i,\ 1},\ \frac{1}{M}\sum_{i=1}^{M} pbest_{i,\ 2}, \cdots,\ \frac{1}{M}\sum_{i=1}^{M} pbest_{i,\ d}\right) \tag{5.20}$$

最终粒子的进化方程为：

$$X_{i,\ j} = p_{i,\ j} \pm \alpha |mbest - X_{i,\ j}| \times \ln\left(\frac{1}{u}\right),\ u \sim U(0,\ 1) \tag{5.21}$$

可以证明，当迭代次数 $t \to \infty$ 时，$L \to 0$，即粒子位置 X_i 最终收敛于吸引子 p_i 点，在式（5.21）中 α 称为搜索扩张系数，常常取固定常数或者线性减小的方法，在本书中都采取线性减小的方法，即：

$$\alpha = 0.5 + 0.5 \times (L_c - C_c)/L_c \tag{5.22}$$

其中，L_c 和 C_c 分别代表量子粒子群的总迭代次数和当前迭代次数。

第五节 改进的量子粒子群优化算法

研究表明，当迭代次数趋近于无穷时，QPSO 可以保证收敛到全局最优点[41]，但在实际应用 QPSO 寻优的过程中，迭代次数总是被限制，因此，QPSO 无法保证每次运行都能找到最优值。QPSO 的不确定性可保证每一个粒子能够出现在搜索空间的任何一个位置，在一定程度上保证粒子分布的多样性，但这样做也可能导致一个不好的结果：在迭代的初期，需要粒子分布具有遍历性时，所有的粒子过早地朝着某一个位置集中，在迭代的后期，原本已经非常接近全局最优位置的粒子会在下次迭代时跳到一个远离全局最优的位置。

为了保证在迭代初期粒子群的遍历性，在迭代后期具有良好的局部寻优能力，从修改式（5.18）中 $pbest_{i,j}$ 和 $gbest_j$ 的加权系数入手。通过分析可知，当 $pbest_{i,j}$ 的系数较大时，粒子在更偏向于以自身的经验来确定下一个位置，不会盲目地朝着其他粒子移动，从而保证了遍历性，当该系数较小时，粒子更偏向于听从群体中其他粒子的经验来确定下一个位置，从而保证了所有粒子在某一局部展开寻优，而不会轻易跳出。因此，将式（5.18）修改为：

$$p_{i,j}=\frac{L_c-C_c}{L_c}\beta pbest_{i,j}+\frac{C_c}{L_c}(1-\beta)gbest_j,\ \beta\sim U(0,1) \tag{5.23}$$

可以看出，$pbest_{i,j}$ 和 $gbest_j$ 的加权系数不仅和当前迭代次数有关，而且服从（0，1）均匀分布，下面具体讨论当前迭代次数对 $pbest_{i,j}$ 和 $gbest_j$ 的加权系数的作用。

令 $\beta_1=\frac{L_c-C_c}{L_c}\beta$，$\beta_2=\frac{C_c}{L_c}\beta$，因为 $\beta\in(0,1)$，同时 β 也服从均匀分布，所以 $\beta_1\in\left(0,\frac{L_c-C_c}{L_c}\right)$，$\beta_2\in\left(0,\frac{C_c}{L_c}\right)$，并且 β_1 和 β_2 也服从均匀分布。下面讨论 $\beta_1>\beta_2$ 的概率。

①当 $C_c<0.5L_c$ 时（迭代的前半段），有 $\frac{L_c-C_c}{L_c}>\frac{C_c}{L_c}$，$\beta_1$，$\beta_2$ 的取值范围如图 5.1 所示。

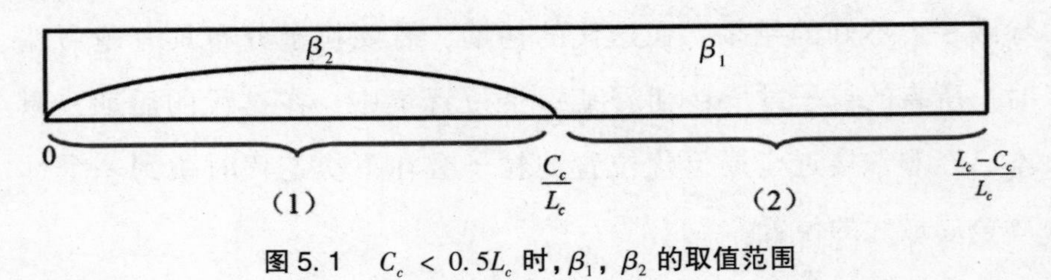

图 5.1　$C_c<0.5L_c$ 时，β_1，β_2 的取值范围

此时，$\beta_1>\beta_2$ 分为两种情况：(a) β_1 落在区域（1）中，又 β_1 和 β_2 均服从均匀分布，此时 $\beta_1>\beta_2$ 的概率为 $\frac{C_c}{2(L_c-C_c)}$；(b) β_1 落在区域（2）中，此时 $\beta_1>\beta_2$ 的概率为 $\frac{L_c-2C_c}{L_c-C_c}$，将两种情况的概率相加可得，当 $C_c<0.5L_c$ 时，$\beta_1>\beta_2$ 的概率是 $\frac{2L_c-3C_c}{2(L_c-C_c)}$。

②当 $C_c > 0.5L_c$ 时，有 $\frac{L_c - C_C}{L_c} < \frac{C_c}{L_c}$，$\beta_1$，$\beta_2$ 的取值范围如图 5.2 所示。

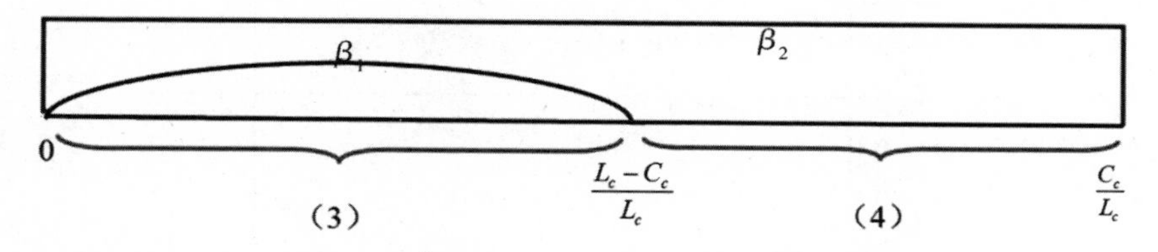

图 5.2　$C_c > 0.5L_c$ 时，β_1，β_2 的取值范围

此时，$\beta_1 > \beta_2$ 只有一种情况，就是 β_2 落入到区域（3），在这种情况下，$\beta_1 > \beta_2$ 的概率是 $\frac{L_c - C_c}{2C_c}$。

综上所述，$\beta_1 > \beta_2$ 的概率为：

$$p(\beta_1 > \beta_2) = \begin{cases} \dfrac{2L_c - 3C_c}{2(L_c - C_c)} & 0 \leqslant C_c < 0.5L_c \\ \dfrac{L_c - C_c}{2C_c} & 0.5L_c \leqslant C_c \leqslant L_c \end{cases} \tag{5.24}$$

令 $R = \frac{C_c}{L_c}$，式（5.24）可改写为：

$$p(\beta_1 > \beta_2) = \begin{cases} \dfrac{2 - 3R}{2(1 - R)} & 0 \leqslant R < 0.5 \\ \dfrac{1 - R}{2R} & 0.5 \leqslant R \leqslant 1 \end{cases} \tag{5.25}$$

其中，$0 \leqslant R \leqslant 0.5$ 是迭代的半段，而 $0.5 \leqslant R \leqslant 1$ 是迭代的后半段。由图 5.3 可以看出两种不同 β_1，β_2 设置方法对应的 $\beta_1 > \beta_2$ 的概率。其中方法 1 是按照式（5.23）设置的 β_1，β_2，方法 2 是按照式（5.18）设置的 β_1，β_2。

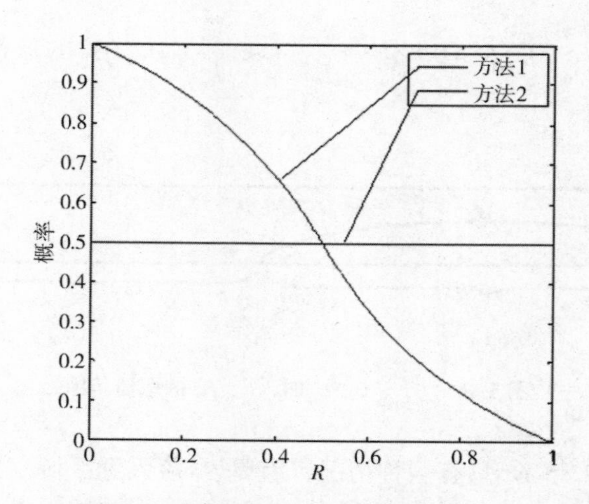

图 5.3 两种不同的局部吸引子计算方式对应的 $\beta_1 > \beta_2$ 的概率

可以看出，如果按照式（5.18）设置 β_1，β_2，在整个迭代过程中，$\beta_1 > \beta_2$ 的概率为 0.5，且保持不变；按照式（5.23）设置 β_1，β_2，通过加入当前迭代次数，能够实现在迭代的初期，粒子有更大的可能"听从"自己的经验，这使得粒子在迭代初期的分布具有多样性。同时，随着迭代次数的增加，粒子被自己经验主导的概率逐渐降低，更倾向于"听从"群体的经验，从而在某个局域进行寻优，这就是 EQPSO，图 5.4 给出了 EQPSO 的算法流程图。

为了验证 EQPSO 在全局寻优方面的性能，首先使用标准测试函数对 EQPSO 的收敛性和全局寻优能力进行测试。使用了 Generalized Rastrigin function 和 Sphere Model function 作为测试函数。表 5.1 给出了测试函数的相关信息。

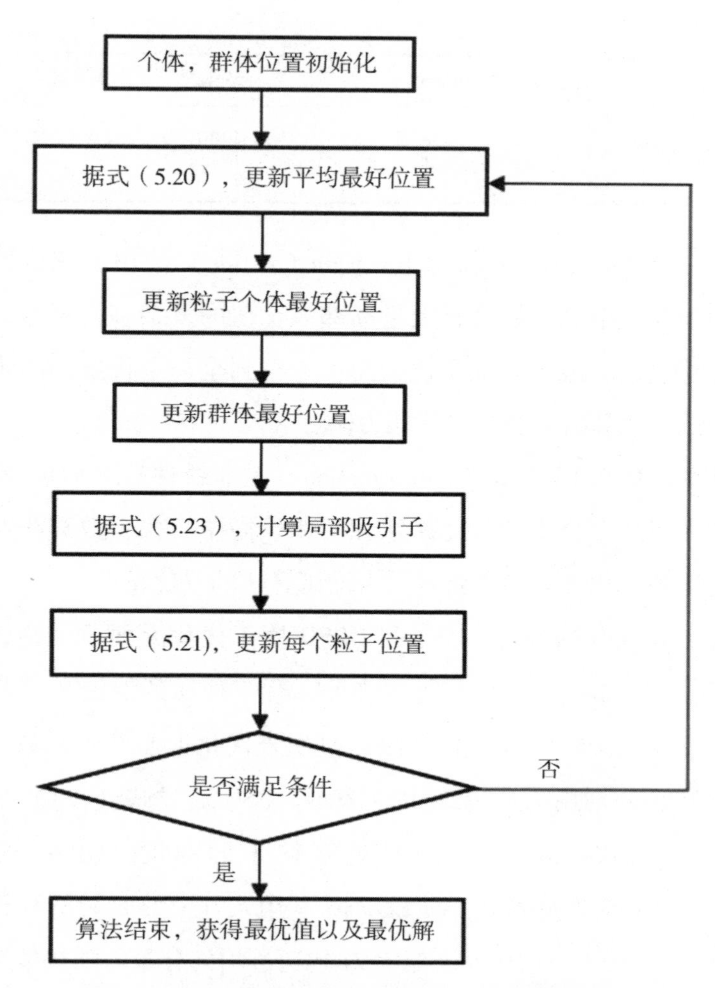

图 5.4　改进的量子粒子群优化算法的算法流程图

表 5.1　标准测试函数

函数名称	数学表达式	最优解
Generalized Rastrigin	$f_1(x) = \sum_{i=1}^{n}[x_i^2 - 10\cos(2\pi x_i) + 10]$	$\min(f_1) = f_1(0, 0, \cdots, 0) = 0$

续表

函数名称	数学表达式	最优解
Sphere Model	$f_2(x) = \sum_{i=1}^{n} x_i^2$	$\min(f_2) = f_2(0, 0, \cdots, 0) = 0$

测试函数 1（Generalized Rastrigin function）使用余弦函数产生大量的局部最小值，是具有大量局部最优值的复杂多峰函数，此函数很容易使算法陷入局部最优，而不能得到全局最优解，因为通常用来测试优化算法的全局寻优能力。

测试函数 2（Sphere Model function）是非线性的对称单峰函数，不同维之间是可分离的，此函数相对比较简单，大多数算法都能够轻松地达到优化效果，主要是用来测试算法的寻优精度。

将 EQPSO 与 PSO、SPSO 和 QPSO 用于优化上面所介绍的两个测试函数。除了前面的优化算法之外，有 3 种在其他论文[45-47]中提出的改进的量子粒子群优化算法同时用来优化上面两个函数，并将这 3 种算法分别用 M1，M2，M3 表示。PSO 通过式（5.1）更新粒子的速度，SPSO 用式（5.3）更新粒子的速度，QPSO 通过式（5.18）计算局部吸引子，而 EQPSO 利用式（5.23）计算局部吸引子。PSO、SPSO、SQPSO 和 EQPSO 均通过均匀分布的随机数来初始化其粒子群。这两个测试函数的数据维数都为 30，每一个优化程序重复运行 10 次，在 10 个运行时间中找到每一个优化后最小值及其平均值来评估算法的性能。表 5.2 和表 5.3 展示了不同的粒子群优化算法对 Generalized Rastrigin function 和 Sphere Model function 的优化结果。

表 5. 2　不同的粒子群优化算法对 Sphere Model function 的优化结果

粒子数	20			40			80		
迭代次数	1000	2000	3000	1000	2000	3000	1000	2000	3000
PSO	1. 6441 0. 8564	0. 8441 0. 4999	0. 4893 0. 2937	0. 9618 0. 5715	0. 2800 0. 1682	0. 1398 0. 0759	0. 2838 0. 2083	0. 0988 0. 0531	0. 0363 0. 0184
SPSO	0. 7261 0. 4624	0. 3672 0. 1436	0. 2391 0. 1009	0. 1312 0. 0561	0. 0628 0. 0258	0. 0220 0. 0092	0. 0109 0. 0039	0. 0014 6.33×10^{-4}	3.95×10^{-4} 4.12×10^{-5}
SQPSO	2. 5633 1. 7973	1. 0165 0. 5651	0. 3628 0. 1783	1. 3290 0. 6007	0. 3267 0. 1829	0. 0691 0. 0308	0. 6697 0. 4505	0. 0688 0. 0271	0. 0066 0. 0023
M1	1.23×10^{-7} 1.37×10^{-8}	6.48×10^{-9} 1.72×10^{-10}	4.54×10^{-11} 2.56×10^{-12}	6.13×10^{-8} 5.95×10^{-9}	1.69×10^{-9} 5.68×10^{-11}	3.00×10^{-11} 5.14×10^{-12}	1.34×10^{-7} 9.74×10^{-9}	7.04×10^{-9} 1.55×10^{-10}	2.17×10^{-11} 2.80×10^{-12}
M2	1.56×10^{-7} 2.70×10^{-8}	2.56×10^{-9} 4.19×10^{-10}	9.45×10^{-11} 4.09×10^{-12}	4.98×10^{-8} 1.60×10^{-8}	1.48×10^{-9} 8.31×10^{-11}	5.59×10^{-11} 1.08×10^{-11}	8.76×10^{-8} 2.83×10^{-8}	1.48×10^{-9} 3.51×10^{-10}	2.64×10^{-11} 2.99×10^{-12}
M3	1.17×10^{-3} 2.70×10^{-5}	2.76×10^{-4} 6.13×10^{-7}	9.61×10^{-8} 1.29×10^{-8}	6.24×10^{-4} 3.08×10^{-5}	1.77×10^{-6} 1.73×10^{-7}	7.35×10^{-8} 1.17×10^{-8}	9.94×10^{-5} 1.90×10^{-5}	2.40×10^{-5} 2.53×10^{-7}	2.26×10^{-7} 5.70×10^{-9}
EQPSO	0 0	0 0	0 0	0 0	0 0	0 0	0 0	0 0	0 0

注：每个单元有两个数字，第一个数字代表 10 个运行时间中的最小值的平均值，第二个数字代表在优化算法执行的 10 个运行时间中的最小值。

表 5. 3　不同的粒子群优化算法对 Generalized Rastrigin function 的优化结果

粒子数	20			40			80		
迭代次数	1000	2000	3000	1000	2000	3000	1000	2000	3000
PSO	12. 6982 4. 3357	7. 5865 3. 7038	5. 5879 3. 5364	6. 0211 2. 2309	5. 5924 1. 9919	5. 4869 1. 9899	7. 9318 4. 1269	6. 9536 3. 0257	6. 7100 3. 0257
SPSO	8. 0665 3. 9084	5. 8705 3. 2631	4. 9350 1. 2684	4. 7761 1. 9899	4. 3778 1. 9899	4. 3315 1. 9899	6. 8265 2. 4574	5. 5614 2. 3509	5. 3427 0. 0199
SQPSO	5. 5515 3. 5126	4. 0321 2. 102	3. 1779 1. 0388	4. 3447 0. 9950	3. 2834 0. 9950	3. 2834 0. 9950	5. 7808 2. 1503	5. 0256 1. 9929	4. 3040 2. 0035
M1	0. 0609 2.05×10^{-8}	2.73×10^{-4} 4.73×10^{-11}	9.00×10^{-5} 8.05×10^{-12}	5.42×10^{-6} 1.55×10^{-8}	2.61×10^{-5} 2.90×10^{-10}	5.43×10^{-8} 3.42×10^{-12}	3.26×10^{-5} 2.84×10^{-8}	1.47×10^{-7} 2.04×10^{-10}	1.02×10^{-7} 2.78×10^{-12}
M2	0. 1494 3.96×10^{-7}	6.76×10^{-4} 1.42×10^{-10}	8.14×10^{-5} 4.34×10^{-11}	1.61×10^{-4} 5.24×10^{-8}	4.44×10^{-6} 1.49×10^{-9}	5.37×10^{-8} 5.51×10^{-12}	4.86×10^{-5} 8.09×10^{-8}	4.36×10^{-7} 1.43×10^{-9}	1.62×10^{-7} 5.88×10^{-12}
M3	0. 5327 8.93×10^{-4}	8.06×10^{-1} 1.63×10^{-6}	1.12×10^{-1} 9.21×10^{-8}	3.86×10^{-2} 1.92×10^{-4}	4.97×10^{-2} 8.56×10^{-7}	7.25×10^{-2} 1.35×10^{-8}	1.09×10^{-2} 8.80×10^{-5}	2.08×10^{-2} 3.26×10^{-7}	5.79×10^{-2} 7.50×10^{-9}
EQPSO	0 0	0 0	0 0	0 0	0 0	0 0	0 0	0 0	0 0

从表 5.2 和表 5.3 可以看出，EQPSO 获得了最佳结果，这证明通过新颖的局部吸引子计算方法使 EQPSO 的全局搜索能力得到极大的提高，EQPSO 可以找到 Sphere Model function 和 Generalized Rastrigin function 的全局最小值，与其他 6 种优化算法相比较，EQPSO 效果更好，通过上述表格还可以看出，当粒子数在 20 或 40 的时候，EQPSO 就可以得到最佳结果，这说明 EQPSO 在总体较小的情况下可以得到良好的结果。

图 5.5 和图 5.6 分别是 7 种优化算法在 Sphere Model function 和 Generalized Rastrigin function 的收敛速度。

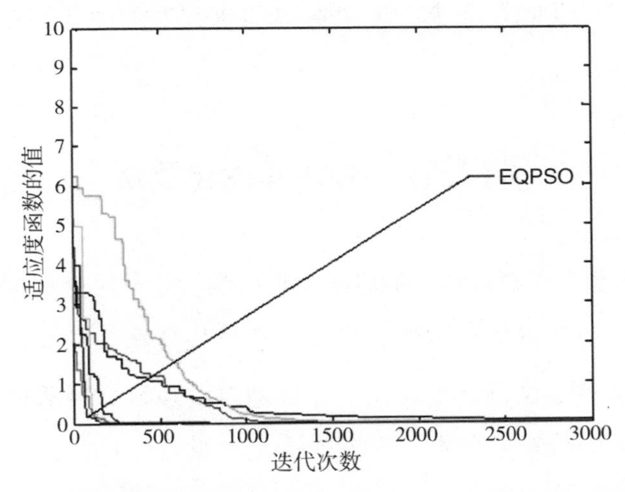

图 5.5 不同粒子群优化算法对 Sphere Model function 优化时的收敛速度

通过图 5.5 与图 5.6 可以看出，EQPSO 的收敛速度相对于其他粒子群优化算法更快。

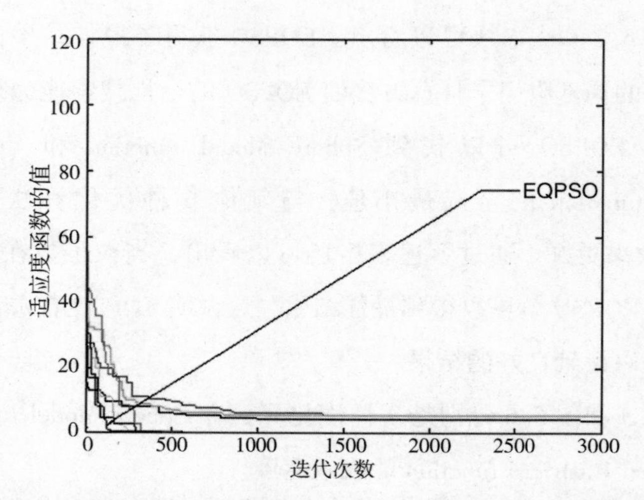

图 5. 6 不同粒子群优化算法对 Generalized Rastrigin function 优化时的收敛速度

第六节 磷虾群优化算法

KH 是受到磷虾群行为的启发而形成的，是解决全局优化问题的一种新的通用随机优化方法。当磷虾群寻找食物并相互交流时，磷虾群方法会重复执行三个动作，并遵循以增强目标函数值的方向搜索。时间依赖位置主要由三个动作决定：觅食行动、其他磷虾对运动的影响和物理扩散。常规 KH 采用拉格朗日模型，如式（5. 26）所示：

$$\frac{\mathrm{d}x_i}{\mathrm{d}t} = N_i + F_i + D_i \tag{5. 26}$$

其中 N_i，F_i 和 D_i 表示觅食运动，分别受其他磷虾和磷虾 i 的物理扩散的影响。第一个运动 F_i 包括两个部分：当前食物位置和关于先前位置的信息。对于磷虾 i，将其制定如下：

$$F_i = V_f\beta_i + w_f F_i^{old} \tag{5.27}$$

其中：

$$\beta_i = \beta_i^{food} + \beta_i^{best} \tag{5.28}$$

V_f 是觅食速度，$w_f \in (0, 1)$，是第一个觅食运动的惯性权重，是最后的觅食运动。

由第二个运动 N_i，a_i 引导的方向由以下三种效应估算：目标效应、局部效应和排斥效应。对于磷虾 i，可以由下式表示：

$$N_i^{new} = N^{max} a_i + w_n N_i^{old} N_i^{new} = N^{max} a_i + w_n N_i^{old} \tag{5.29}$$

其中，N^{max} 是最大感应速度，$w_n \in (0, 1)$ 是第二个运动的惯性权重，同时也是受其他磷虾影响的最后一个运动。

实际上，对于第 i 个磷虾，物理扩散是一个随机过程，该运动包括两个分量：最大扩散速度和定向矢量。物理扩散的表达式如下：

$$D_i = D^{max}\delta \tag{5.30}$$

其中，D^{max} 是最大扩散速度，而 δ 是定向矢量，其数值是介于-1 和 1 之间的随机数。

根据上面分析的三个运动，从时间 t 到 $t + \Delta t$ 的时间依赖位置可以由以下公式得出：

$$X_i(t + \Delta t) = X_i(t) + \Delta t \frac{dx_i}{dt} \tag{5.31}$$

磷虾群是一种有效的优化方法。但由于搜索完全依赖于随机性，因此无法快速收敛。然而，在群体策略优化算法中，迭代次数可能会影响算法的性能，有时甚至会决定是否可以找到全局最优点。同时，还应该考虑时间因素（优化过程应尽可能快），因此，提出了一种计算决策权重因子的方法[48]，为了使 KH 拥有更好的全局搜索能力性能和更高的收敛速度，如式（5.32）所示：

$$\frac{dx_i}{dt} = \frac{MI - I}{MI}F_i + \frac{I}{MI}N_i + D_i \tag{5.32}$$

其中，MI 是最大迭代次数，而 I 是当前迭代次数。在迭代的早期阶段，$(MI - I)/MI > I/MI$，它们的觅食动作应对其下一个位置的决策产生更大的影响。因为每个磷虾都不知道正确的方向，所以磷虾从自己的感觉开始就可以有效地帮助它们避免早熟。在迭代的后期 $(MI - I)/MI < I/MI$，其他磷虾的经验在更新下一个位置时会产生更大的影响，毕竟，群体方向的正确性往往高于个人。最后，将带有更新的交叉算子的 KH 定义为标准磷虾群算法，同时，将式（5.32）的 KH 称为 EKH，图 5.7 给出了 EKH 的流程图。

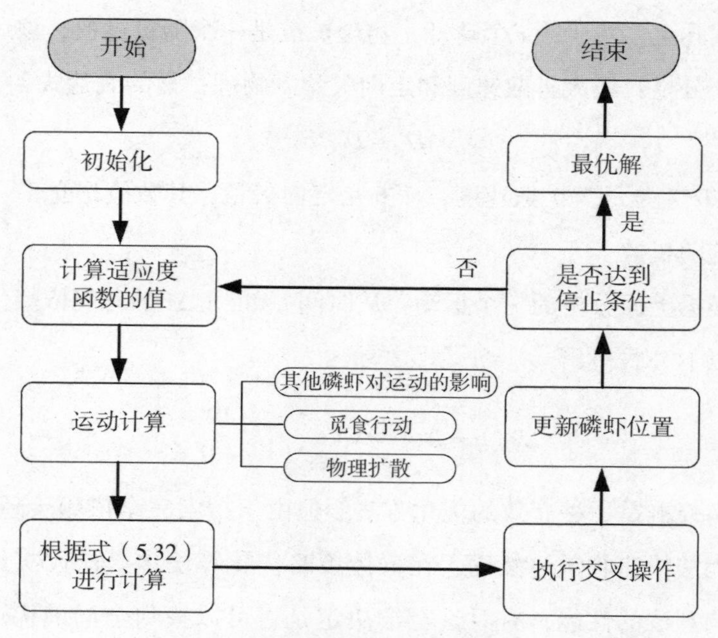

图 5.7 EKH 的简化流程图

为了评判优化算法的有效性，使用自制的机器嗅觉系统分析了对 4 种不同气体（苯、甲苯、甲醛和一氧化碳）的分辨力，同时，用 EKH 与机器嗅觉中常用的 QPSO，PSO 和 GA 等优化算法进行比较，最后，用 EKH 与标准 KH 与混沌 KH[12]（CKH）进行比较。在 CKH 中，采用不同的一维混沌映射来代替 KH 中的参数，以加快其收敛速度。根据文献［49］中的结果，选择 Singer 映射作为适当的混沌映射，以形成最佳的 CKH。如式（5.33）所示：

$$x_{k+1} = u(7.86x_k - 23.3x_k^2 + 28.75x_k^3 - 13.30x_k^4) \tag{5.33}$$

表 5.4 参数设置

算法名称	参数
EKH	觅食速度 $V_f = 0.02$，最大扩散速度 $D^{max} = 0.005$，最大感应速度 $N^{max} = 0.01$
CKH	觅食速度 $V_f = 0.02$，最大扩散速度 $D^{max} = 0.005$，最大感应速度 $N^{max} = 0.01$
KH	觅食速度 $V_f = 0.02$，最大扩散速度 $D^{max} = 0.005$，最大感应速度 $N^{max} = 0.01$
QPSO	惯性常数为 0.3，认知常数为 1，群体互动的社会常数为 1
PSO	惯性常数为 0.3，认知常数为 1，群体互动的社会常数为 1
GA	轮盘选择，单点，两点和均匀交叉，交叉概率为 0.6，突变概率为 0.01

数据处理流程如下：首先，进行归一化处理。然后，将 SVM 作为分类器，并用 6 种不同的优化算法对其设置的两个参数（高斯 RBF 核函数的扩展因子和惩罚因子）进行了优化。实验流程图如图 5.8 所示。并使用比率（可直接区分的点数与测试数据中所有点数的比值）来评估不同优化算法的性能。

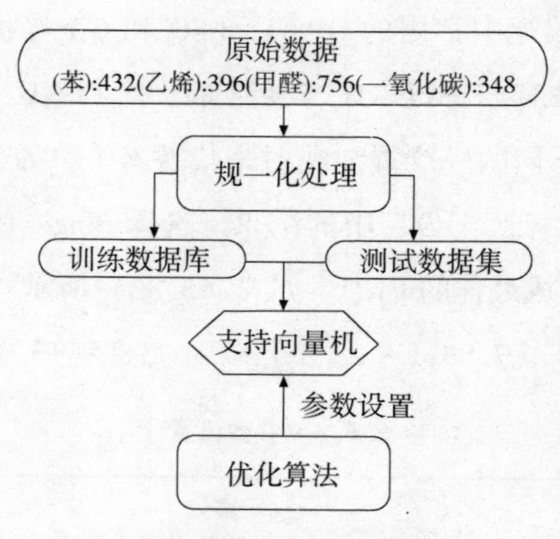

图 5.8 实验流程图

由于在 SVM 中设置了两个参数，则需要在二维空间进行搜索。将 6 种粒子优化算法的粒子数都设置为 30，为了比较算法之间的差异，将迭代次数分别设置为 50、200 和 400。为了保证实验结果的准确性，每个程序重复 10 次。然后将十次分类精度（训练数据集和测试数据集）以最大、最小和平均值作为参考，对 6 种优化算法的性能进行评价。表 5.5 至表 5.7 显示了迭代次数设置为 50、200 和 400 的不同优化算法的分类精度。4 种气体的最佳分类精度和不同优化算法的所有分类精度见表 5.8 至表 5.12。

表 5.5 不同优化算法的分类准确度

单位:%

		EKH	CKH	KH	QPSO	PSO	GA
Training set	best	91.85	85.33	83.85	81.21	81.37	83.79
	mean	90.94	79.71	82.17	80.20	79.01	82.92
	worst	90.37	76.78	80.67	78.13	77.64	82.14

续表

		EKH	CKH	KH	QPSO	PSO	GA
Test set	best	87. 89	85. 40	85. 55	83. 39	83. 85	80. 90
	mean	86. 80	81. 81	84. 22	83. 13	82. 66	80. 25
	worst	86. 18	81. 21	83. 38	82. 30	81. 99	79. 43

注：迭代次数为50。

表 5. 6 不同优化算法的分类准确度

单位:%

		EKH	CKH	KH	QPSO	PSO	GA
Training set	best	93. 01	90. 06	85. 95	87. 89	80. 98	84. 16
	mean	92. 26	84. 19	83. 20	86. 16	80. 67	83. 38
	worst	91. 77	77. 25	81. 13	85. 02	80. 43	82. 92
Test set	best	88. 04	85. 71	85. 09	86. 18	84. 16	81. 06
	mean	87. 63	84. 42	84. 68	85. 14	83. 75	80. 83
	worst	87. 24	81. 83	84. 16	84. 16	83. 07	80. 43

注：迭代次数为200。

表 5. 7 不同优化算法的分类准确度

单位:%

		EKH	CKH	KH	QPSO	PSO	GA
Training set	best	93. 79	90. 45	85. 95	89. 59	84. 39	84. 94
	mean	93. 01	86. 85	83. 39	86. 39	82. 61	84. 89
	worst	92. 08	84. 47	80. 05	84. 32	81. 06	84. 78
Test set	best	88. 20	86. 49	85. 56	86. 65	85. 56	84. 08
	mean	87. 73	85. 35	84. 63	85. 87	84. 94	83. 88
	worst	87. 27	84. 47	83. 39	85. 25	84. 47	83. 62

注：迭代次数为400。

表 5.8 不同优化算法对苯的分类准确度

单位:%

	EKH	CKH	KH	QPSO	PSO	GA
Training set	83.33	75.69	66.67	71.88	60.76	57.64
Test set	48.61	51.39	52.83	50.69	52.83	49.31

表 5.9 不同优化算法对甲苯的分类准确度

单位:%

	EKH	CKH	KH	QPSO	PSO	GA
Training set	100.00	100.00	100.00	100.00	98.48	100.00
Test set	100.00	100.00	100.00	100.00	98.48	100.00

表 5.10 不同优化算法对甲醛的分类准确度

单位:%

	EKH	CKH	KH	QPSO	PSO	GA
Training set	99.21	96.43	93.25	97.02	93.85	94.44
Test set	99.21	95.24	92.06	96.03	92.86	93.65

表 5.11 不同优化算法对一氧化碳的分类准确度

单位:%

	EKH	CKH	KH	QPSO	PSO	GA
Training set	87.93	84.91	78.02	83.62	77.16	78.02
Test set	94.83	95.69	96.55	83.62	96.55	96.55

表 5.12 不同优化算法对总数的分类精度

单位:%

	EKH	CKH	KH	QPSO	PSO	GA
Training set	93.79	90.45	85.95	89.59	84.39	84.39
Test set	87.27	86.49	85.56	86.65	85.56	84.08

EKH和CKH都是基于KH的增强型优化算法。比较表5.5至表5.7中EKH、CKH和KH的结果，可以发现EKH获得了最佳结果。同时，在迭代次数较多的情况下，CKH的性能要比KH好一些，然而，在分类精度的最大值、最小值或平均值方面，EKH的性能明显优于CKH和KH。这验证了EKH在气体识别中应用在机器嗅觉上比CKH更合适。而且在实验中所给出的迭代次数很容易看出，EKH最差的分类精度高于CKH和KH的最佳的分类精度，并且迭代次数为200和400时的结果非常接近。所有这些结果证明，在新的决策权重因子计算方法的影响下，EKH的全局搜索和收敛性得到了改善。

将EKH与不同的算法（QPSO、PSO和GA）进行比较，从表5.5至表5.7中可以看出，GA性能最差，而PSO和QPSO则好一些。相对于其他3种算法，EKH在相同迭代次数中具有最高的分类精度这一事实再次被证明，因此，磷虾群算法可以很好地应用在机器嗅觉的参数优化中。

表5.8至表5.11是通过将不同的优化算法用于机器嗅觉识别苯、甲苯、甲醛、一氧化碳过程中对分类器的参数的优化，由表格中的数据可以得出，EKH的优化性能相对于其他优化算法性能更好，更适用于机器嗅觉中的参数优化。

第六章

机器嗅觉在低浓度气体中的运用

随着科技发展，我国的工业生产规模逐渐扩大，产品种类也逐渐增多，在生产中使用的产生的气体种类和数量也不断变多。这些气体包括易燃易爆气体、毒性气体等，尽管有时只有轻微的含量，它们的泄漏也会污染环境，甚至发生爆炸、火灾及使人中毒等恶性事件。同时随着人类生活水平的不断提高，石油液化气、天然气及城市煤气作为家用燃料也迅速普及，由于这些气体的泄漏引起的爆炸和火灾事故也严重威胁人们的生命财产安全。因此，对这些混合气体进行快速准确的检测和监控是十分必要的。

已知机器嗅觉系统可实时地对各种气体（有毒有害、易燃易爆）进行检测分析，具有广泛的应用。但是机器嗅觉技术的发展也受信号冗杂等问题限制，当其被用来检测一些低浓度气体时，相对误差会更大一些。我们可以从两个角度来解决这个问题，一是从材料学的研究方向入手，提高机器嗅觉的精度，但是这种方式实际操作难度大，且研发新型材料的成本高；二是从算法的角度出发，选取合适的特征提取算法，将低浓度气体低浓度样本最大限度地利用，本章会具体介绍第二个方式。

第一节 低浓度气体样本的制备

正如我们中学阶段所学，氢气在空气中的浓度超过4%，就能在点燃的情况下发生爆炸。我们每天呼吸的空气中，稀有气体虽然稀少但却是空气的固有组成成分，由此可见，这些低浓度气体虽然微量，但不可或缺。在第二节，我们也会从实验的角度，严谨地用数据证明低浓度气体对机器嗅觉识别率准确性的影响。本节我们围绕一篇公开发表的论文里的实验及数据进行研究（详细信息见本章参考文献［50］），论文选择选取甲烷和乙烯的混合气体进行探究。具体实验装置图如图6.1所示。

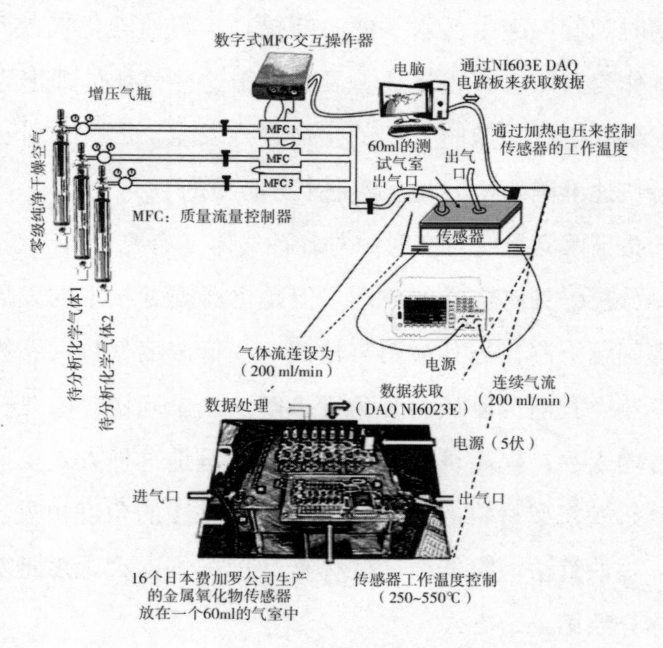

图6.1 实验装置图

在实验中，传感器阵列由16个气体传感器组成，型号分别是TGS2600、TGS2602、TGS2610和TGS2620，每种4个。传感器阵列被放置在特氟龙气室，并用采样频率是100Hz，采样精度是16位的AD模块采样获取信号。气体样品（干燥空气、甲烷和乙烯）以200 mL/min的恒定速度进入气室，气室直接在蒸汽输送系统上，通过一个阀门来控制气体的通入或截止。此外，整个实验过程中此系统都是在计算机化的环境中进行操作，以便产生准确和可重复的数据。气体采样实验包括以下3个步骤：

①前50s，将合成的干燥空气（实验环境为25℃±1℃，空气湿度10%）通过气室，用以稳定传感器并测量传感器响应的基线。

②紧接着的100s内，在载体气体中随机加入甲烷或者乙烯，因为气体以固定的气流速度输入，所以控制好时间即可控制用量，并让形成的混合气体在气室中循环。

③实验中需要不同浓度的低浓度气体样本，为测量另一组浓度，则需重新循环干净干燥的空气，以便随后的200s清理传感器和气室。同样以200 mL/min的恒定流速进行测量。

通过该实验所形成的数据集，其气体类别已知，浓度可控，很适合用于探究不同模式识别算法下的混合气体样本对整体识别率的影响程度。在控制进入气室的气体量时，是通过控制气体的输入时间来控制的，为了使实验效果更加明显，选取的时间差较大，所以甲烷和乙烯的浓度均为离散值，整个数据集根据甲烷和乙烯不同的浓度组合被分为28类。本节从28类中选择8个类别进行分析，并根据浓度的降序对甲烷和乙烯进行排序。最终形成了如下的8种分类，其中有5种高浓度气体，分别为A1、A2、A3、A4、A5；另有3种低浓度气体，分别为B1、B2、B3，如图6.2所示。

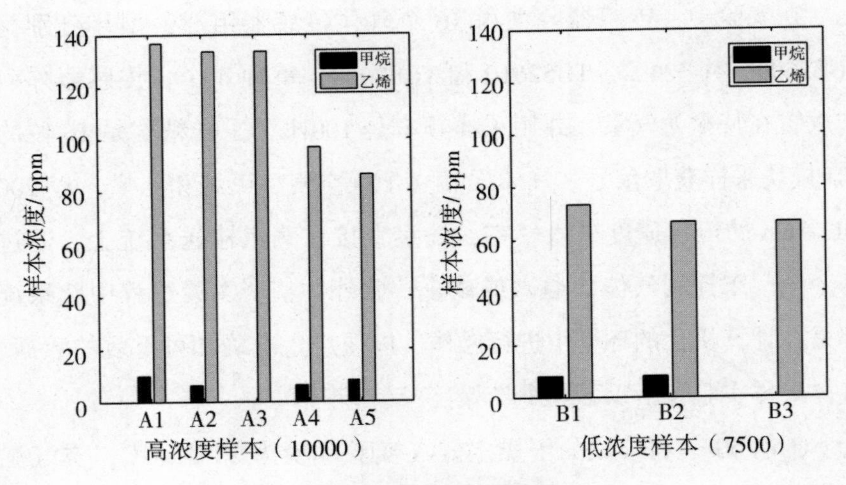

图 6.2 样本分类及名称

第二节 低浓度气体的重要性

在上一节，我们结合生活常识，初步介绍了低浓度气体微量但不可或缺的性质，在本小节，我们将利用上一节实验所采集的数据进行一个简单的数据处理实验，从数据上说明低浓度气体的重要性。已知低浓度气体有 3 类，其数量从 750 个按照 750 等差额递增到 7500 个，将这 3 种低浓度且不同数量的气体分别作为机器嗅觉的训练集，在不使用任何特征提取算法和分类器的情况下，以数量递增的形式分别进行了测试，其结果如图 6.3 所示。

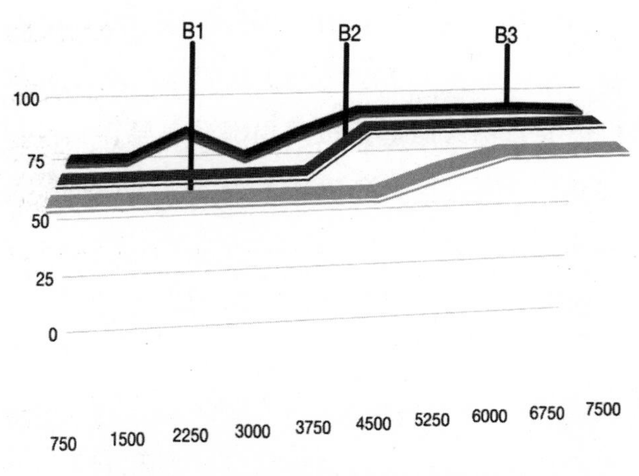

图 6.3 低浓度气体对识别率的影响

从图 6.3 的横纵坐标上观察可得，横轴对比，低浓度样本数量越多，机器嗅觉的整体识别率就越高；纵轴上来看，B3 的浓度最低，但是其识别率最高，B1 的浓度最高，其识别率最低。换言之，低浓度样本的浓度越低，数量越多，对于机器嗅觉的识别越有利，随后我们将利用本性质进行研究。

第三节 特征提取算法的选取

从上述的实验过程中，可以清晰地感受到，尽管是在实验室环境下来获取的这一组数据，但仍然是耗时费力的，更何况实际生活中低浓度气体的制备对操作者的要求更高，更加难以获得。所以充分利用这些低浓度样品进行探索是必要的，接下来我们要为这些低浓度样本找到最为合适的模式识别算法进行研究。

可以运用像 PCA 那样针对全局的算法，对整体的结构进行再表达；也有诸如LPP等算法，是针对局部特征的，通过临近特征来进行提取、重构。在查阅大量文献之后，我们发现绝大多数的特征提取算法都可以根据其提取原理是按照局部还是整体，来划分为全局算法或者局部算法。因此我们将PCA和ICA作为全局算法来探究数据集的宏观特征，将LPP和NPE来作为局部特征算法来探究数据集的局部特征。接下来我们介绍关于LPP和NPE的知识。

1. LPP

LPP的提出是为了实现非线性流形的学习和分析，它可以提取最具有判别性的特征来进行降维，是一种保留了局部信息，降低影响图像识别的诸多因素的降维方法，这种算法本质上是一种线性降维方法，由于其巧妙地结合了LLE的思想，从而可以在对高维数据进行降维后有效地保留数据内部的非线性结构。LPP方法可以很容易地将新的测试数据点根据特征映射关系（矩阵），投影映射在低维空间中。其大致步骤如下所示[51]：

①构建邻接图，可以得到度矩阵D，邻接矩阵W，以及拉普拉斯矩阵$L = D-W$。

②计算每条边的权重，不相连的边权重为0，则热核权重为：$W_{i,j} = \exp\left(\frac{\|x_i - x_j\|^2}{\sigma^2}\right)$。将权重$W_{i,j}$代入到拉普拉斯矩阵中得到拉式矩阵$L$。

③求解特征向量方程：$XLX^Ta = \lambda XDX^Ta$，将解得的特征值λ，按照从小到大的顺序排列，共有n个特征值，取其最小的l个特征值，$\lambda_1 < \lambda_2 < \cdots < \lambda_l$，对应的$l$个特征向量组成的向量为矩阵$A = (a_1, a_2, \cdots a_l)$，$A \in R^{n\times l}$，$x_i \in R^{l\times n}$，$A^T \in R^{l\times n}$，$y_i \in R^{l\times n}$。

因此，LPP 能使高维数据点间的距离远近关系在降维后，对应映射点的距离关系保持不变，即“高维空间点之间距离近的点，在低维空间映射点间的距离也很近”，即能保持高维流形数据的一种拓扑结构不变。

2. NPE

NPE 主要是在降维过程中保持流形的局部线性结构不变，从而来提取数据中的有用信息。这里的局部线性结构是通过重构权重矩阵来表征的，而重构权重矩阵就是邻域内邻居点对结点的线性重构的系数矩阵。和其他经典流形学习算法类似，NPE 的算法步骤主要分为 3 步[52]：

①构建邻域图。利用 K 最近邻（KNN）算法来构建邻域图。假设共有 m 个样本，则邻域图共有 m 个结点，其中 x_i 表示第 i 个结点。如果 x_j 是 x_i 的K 个最近邻居之一，那么将这两点连接，反之不连接。

②计算权重矩阵。设权重矩阵为W，其中元素 W_{ij} 代表结点 i 和结点 j 之间的边的权重，如果两点之间没有变，则对应的矩阵元素为 0。矩阵的元素值主要通过最小化如下目标函数得到：

$$\min \sum_{i} \left\| x_i - \sum_{j} W_{ij} x_j \right\|^2 \tag{6.1}$$

其中，W 应满足归一化约束：

$$\sum_{j} W_{ij} x_j = 1, \ j = 1, \ 2, \ \cdots, \ m \tag{6.2}$$

③计算映射，通过求解广义特征向量问题来计算降维的线性映射：

$$XM X^T a = \lambda X X^T a \tag{6.3}$$

其中，数据集 $X = (x_1, \ \cdots, \ x_m)$，矩阵$M = (I - W)^T (I - W)$。按

特征值从小到大的次序($\lambda_0 \leqslant \cdots \leqslant \lambda_{d-1}$)将求解到的特征向量进行排列$a_0$，…，$a_{d-1}$，这样降维后的嵌入坐标则为：$y_i = A^T x_i$，其中，$A = (a_0, a_1, \cdots, a_{d-1})$。

第四节　实验步骤

由于低浓度样本难以制取，就更需要充分利用低浓度样品，于是采用控制变量法进行如下实验：保持5类高浓度样本不变，让其与不同数量不同种类的低浓度样本组合。更具体地说，将这3类低样本的数量从750个递增到7500个，每次增加750个，分别与高浓度样本结合进行实验。这样就可以探究低浓度样本数量对于整体识别率的影响，与此同时，若是不同种类不同数量的低浓度样本所获识别率一样，视为其等效，为解决低浓度样本难以获得的难题提供一个新的解决思路，如图6.4所示。

从图6.4中可以看出，识别率用颜色的深浅来表示，最低的识别率为深蓝色，最高的识别率为浅绿色，B1、B2和B3三种低浓度气体分别从750递增到7500个，每种情况都对应着一个方块，若两个方块颜色越接近，则表示两种情况的等效关系越明显，例如，1500个B1样本与2250个B2样本在对于机器嗅觉识别率的影响方面可视作等效。

接下来，我们便要选取最适合低浓度气体的特征提取算法，具体操作同样为控制变量法，用第三节所提到的4种特征提取算法分别与低浓度样本结合，并输入到超限学习机（extreme learning machine，ELM）ELM分类器中，实验结果见表6.1至表6.4。

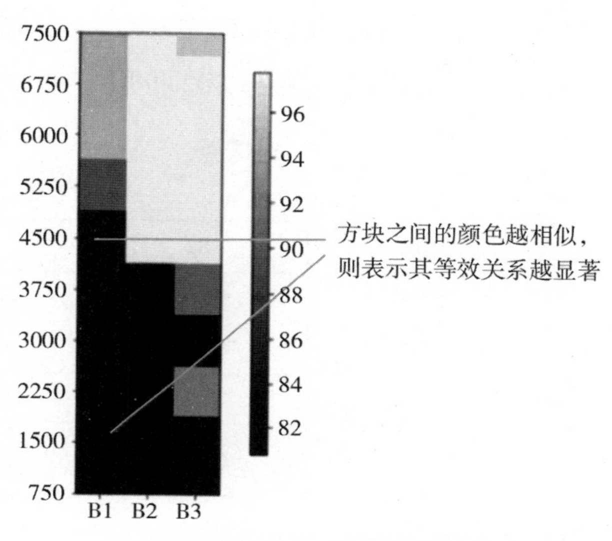

图 6.4　低浓度样本之间的等效关系图

表 6.1　PCA 的识别率

单位：%

	B1	B2	B3
750	66.1	73.75	65.95
1500	67.61	73.99	65.95
2250	65.65	74.65	69.15
3000	83.23	73.47	69.37
3750	72.42	73.24	69.63
4500	69.36	74.49	70.33
5250	70.45	71.45	70.26
6000	78.66	73.37	69.34
6750	80.81	74.42	68.67
7500	84.84	75.25	68.62

从表 6.1 中可以看出，在绝大多数情况下，当低浓度 B1 的样本

数为7500个时，其识别率要高于B2和B3。也就是说，我们可以用前面提及的等价替换法来代替更难制备的B2和B3样本。

表6.2 ICA的识别率

单位:%

	B1	B2	B3
750	62.61	92.33	80.81
1500	61.68	92.33	80.80
2250	62.25	86.78	80.81
3000	62.23	81.09	80.91
3750	62.00	93.69	81.41
4500	61.96	92.35	93.97
5250	61.52	96.35	96.18
6000	61.85	97.41	96.18
6750	61.59	97.42	96.17
7500	61.41	97.42	96.16

由表6.2可知，当特征提取算法为ICA时，B1的识别率相对较低，不能有效地代替B2或B3。但是B2具有相对较高的识别精度，与B3相比，B2更易制取，则可以代替B3。对比表6.1，从总体上来说，ICA的识别精度高于PCA。

表6.3 LPP的识别率

单位:%

	B1	B2	B3
750	81.08	81.0667	80.7733
1500	81.48	81.0667	80.7667

续表

	B1	B2	B3
2250	81.0667	81.0467	80.8533
3000	83.8	81.0327	80.16
3750	81.1067	88.2267	80.04
4500	81.2467	93.42	90.36
5250	81.6867	97.1067	96.5867
6000	80.9067	97.3133	96.6267
6750	83.9333	97.4667	96.6
7500	84.6724	97.52	96.6667

由表6.3可知，3000个B1样本的识别率可以很有效地去替代样本数量少于3750个样本的其他两种更难制备的低浓度样本，非常适合我们提出的等价替换。

表6.4　NPE的识别率

单位:%

	B1	B2	B3
750	81.07	81.18	81.15
1500	81.09	81.25	81.23
2250	81.04	81.27	80.79
3000	81.11	81.15	81.11
3750	94.42	81.06	81.33
4500	94.39	89.70	81.53
5250	94.33	97.83	83.66
6000	94.24	97.83	95.83
6750	94.39	97.83	96.77
7500	94.35	97.83	96.50

从表6.4可以看出，NPE的特征提取效果很好，具有较高的识别精度。4500个B1的识别准确率不是最高的，但在大多数情况下可以代替B2和B3。

从以上的数据可以看出，ICA的整体识别率以及可替代关系比PCA更好，针对局部算法，LPP会更优于NPE。

本章内容重点探讨低浓度气体在机器嗅觉系统模式识别中的重要性，一方面我们了解了低浓度气体在提高整体识别率方面的重要性，另外一方面我们在了解低浓度气体制备或者获取困难的情况下，提出了用样本规模大的相对高浓度样本来替代样本规模相对小（因为制备或者获取困难，所以低浓度样本的规模不可能太大）的低浓度样本，从而在不降低识别率的情况下，降低气体制备或者获取的难度，使机器嗅觉系统可实际应用到众多目标待测气体浓度较低的应用场景中。

第七章

有标签训练样本少的解决方案

通过前面几章，我们已经体会到机器嗅觉在识别气体样本中的优越性，但同时也知道为了准确地探测不同的气体，必须用足够多的样本来训练机器嗅觉。一般来说，研究人员常使用有标签样本来训练机器嗅觉，以此使机器嗅觉获得一个较为理想的准确性。但在训练过程中需要大量的有标签训练样本，这样得到的机器嗅觉的性能才能更好。相比之下，我们处于大数据时代，无标签的样本很容易找到，因此，如何运用无标签样本来训练机器嗅觉，显然是如今的一个热门热点。

第一节　半监督学习

传统的机器学习包括有监督和无监督，其中有监督就是训练过程中样本有类别标签，无监督就是没有类别标签，很多时候有标签数据的获取成本很高，例如临床诊断，如果每个样本都需医生标注类别，工作量极大，而另一面看，无标签数据是非常廉价易得的，因此同时利用有标签和无标签数据来训练机器嗅觉，可有效解决有标签训练数据少的难题，这就是半监督学习。当使用半监督学习时，将会要求较少的人员来从事工作，同时，又能够带来比较高的准确性，因此，半监督学习越来越受到人们的重视[53]。

在这里我们介绍M-training算法[54]，该算法是在tri-training算法的基础上提出的。作为一种半监督学习，M-training保持了tri-training的优点，同时M-training可以调用更多的基分类器（base classifiers），这使得它有更多的机会从无标签数据中获取知识。

用L表示有标签数据集，并且它的尺寸是$|L|$，用U表示无标签数据集，它的尺寸是$|U|$。在M - training中有M个分类器，分别标记为c_i，$i=1$，2，…，M，其中M是一个正整数，并且$M \geqslant 3$。当$M=3$时，M - training就会退化成tri - training。这些基分类器已经被用来自于数据集L的样本训练了。在M - training的学习过程中，每一个分类器c_i会轮流作为主分类器，当第i个分类器被当作是主分类器时，我们用C_i表示，此时剩余的$M-1$个基分类器用c_i表示（虽然C_i和c_i的脚标都是i，但是c_i代表的基分类器是除了主分类器C_i的剩余基分类器）。同时，其他的分类器也被调用来预测来自集合U的样本的标签。一个来源数据集U的样本是否能够被用来跟数据集L中的样本一起训练主分类器C_i取决于分类器c_i对于这个样本的标签的同意程度，即如果同意程度超过了阈值θ，那么这个样本就可以跟来自集合L的样本一起重新训练主分类器C_i。

在M-training中，无标签数据的误分类是在所难免的，所以主分类器C_i总是面临接触干扰样本的风险。幸运的是，即使是在最坏的情况下，如果新标记样品的数量足够且满足一定条件，则可以补偿分类噪声率的增加。这些条件的介绍如下：

受Goldman等[55]的启发，此处采用了Angluin等[56]的发现。假设有一个训练数据集包含 m 个样本，信噪比是 η，那么分类器的最坏错误率 ξ 满足式（7.1）：

$$m = \frac{\sigma}{\xi^2 (1 - 2\eta)^2} \tag{7.1}$$

其中，σ 是一个常数，式（7.1）可以变成式（7.2）：

$$u = \frac{\sigma}{\xi^2} = m(1 - 2\eta)^2 \tag{7.2}$$

在 M-training 的每一个循环中，c_i 为主分类器 C_i 从集合 U 中挑选样本。在不同的周期中，选择多少无标签样本和具体选择哪些无标签样本会有所不同，因为主分类器 C_i 在每个周期中都被重新训练定义。我们使用 $L_i(t)$ 和 $L_i(t-1)$ 来分别标记在第 t 次循环和第 $t-1$ 次循环中被 c_i 给出标签用来训练主分类器 C_i 的样本集，那么在第 t 次循环和第 $t-1$ 次循环中，主分类器 C_i 的训练集就可以表示成 $|L \cup L_i(t)|$ 和 $|L \cup L_i(t-1)|$。注意，$L_i(t-1)$ 被看作是在第 t 次循环中的无标签数据并且被放回到数据集 U 中。

用 η_L 标记数据集 L 的分类噪声比，那么数据集 L 中误分类的样本数目记作 $\eta_L|L|$。定义 $e_i(t)$ 是第 t 次循环中 c_i 的分类噪声比的上限。假设有 n 个样本被 c_i 打标签，在这些样本中，n' 个样本被打上了错误的标签，那么 $e_i(t)$ 可以估计为 $(n-n')/n$。这样在 $L_i(t)$ 中误打标签的样本数就是 $e_i(t)|L_i(t)|$，因此在第 t 次循环中分类噪声比就是：

$$\eta_i(t) = \frac{\eta_L|L| + e_i(t)|L_i(t)|}{|L \cup L_i(t)|} \tag{7.3}$$

这样，式（7.2）就可以被计算写成：

$$u_i(t) = m_i(t)[1 - 2\eta_i(t)]^2$$
$$= \left| L \cup L_i(t)[1 - 2\frac{\eta_L|L| + e_i(t)|L_i(t)|}{|L \cup L_i(t)|}] \right| \tag{7.4}$$

同样的，$u_i(t-1)$ 可以通过式（7.5）计算：

$$u_i(t-1) = m_i(t-1)[1 - 2\eta_i(t-1)]^2$$
$$= \left| L \cup L_i(t-1)[1 - 2\frac{\eta_L|L| + e_i(t-1)|L_i(t-1)|}{|L \cup L_i(t-1)|}] \right| \tag{7.5}$$

如果想 $e_i(t) < e_i(t-1)$，那么根据式（7.2）也就是 $u_i(t) > u_i(t-1)$，这意味着主分类 C_i 的表现可以通过在训练过程中利用 $L_i(t)$ 提升，这个条件可以用式（7.6）表示：

$$\left| L \cup L_i(t)[1 - 2\frac{\eta_L|L| + e_i(t)|L_i(t)|}{|L \cup L_i(t)|}] \right| >$$
$$\left| L \cup L_i(t-1)[1 - 2\frac{\eta_L|L| + e_i(t-1)|L_i(t-1)|}{|L \cup L_i(t-1)|}] \right| \tag{7.6}$$

考虑到 η_L 可能会非常的小，假设 $0 \leqslant e_i(t-1)$，$e_i(t) \leqslant 0.5$，那么如果 $|L_i(t-1)| < |L_i(t)|$，式（7.6）等号左边的第一部分就会比等号右边的第一部分大，如果 $e_i(t)|L_i(t)| < e_i(t-1)|L_i(t-1)|$，那么等号左边的第二部分就会比等号右边的第二部分大。这些约束可以被表示成式（7.7）所示，这个式子被 M-training 用来判断一个无标签数据是否可以用来训练主分类器 C_i：

$$0 < \frac{e_i(t)}{e_i(t-1)} < \frac{|L_i(t-1)|}{|L_i(t)|} < 1 \tag{7.7}$$

注意 $e_i(t)|L_i(t)|$ 有可能还是比 $e_i(t-1)|L_i(t-1)|$ 小，即使 $e_i(t) < e_i(t-1)$ 并且 $|L_i(t-1)| < |L_i(t)|$，因为 $|L_i(t)|$ 有可能比 $|L_i(t-1)|$ 大得多。当这种情况发生时，我们可以使用文献［57］

中提出的次采样（sub-sampling）方法，详细的处理过程如下：在某些情况下 $L_i(t)$ 可以采用随机次采样的方式，这样就会 $e_i(t)\,|L_i(t)| < e_i(t-1)\,|L_i(t-1)|$。给出 $e_i(t)$，$e_i(t-1)$ 和 $|L_i(t-1)|$，用整数 s_i 表示 $L_i(t)$ 次采样后的尺寸，那么如果式（7.8）成立，$e_i(t)\,|L_i(t)| < e_i(t-1)\,|L_i(t-1)|$ 就会被满足：

$$s_i = \left\lceil \frac{e_i(t-1)\,|L_i(t-1)|}{e_i(t)} - 1 \right\rceil \tag{7.8}$$

其中，$L_i(t-1)$ 应该满足式（7.9），这样经过次采样后 $L_i(t)$ 的尺寸依然大于 $|L_i(t-1)|$：

$$|L_i(t-1)| > \frac{e_i(t)}{e_i(t-1) - e_i(t)} \tag{7.9}$$

值得关注的是，初始基分类器应该基本相同，但又不能是完全一致的（如果完全相同，那么就是完全一样的基分类器，这不是我们想要的），为保证每个分类器既学到相同知识，又保持一定差异性，我们从有标签训练集里随机取75%的样本作为每个分类器的训练用样本。最终，M-training 的整个运行过程可以总结成如下形式：

第一步：准备数据集 L，U 和测试集；设置 M 和 θ 的值。

第二步：用来源于集合 L 中的训练集 L_i 训练每一个基分类器 c_i。

第三步：获得数据集 L 和测试集的初始分类识别率，其中，简单投票法被用来确定每个样本的标签，在这一步中，M-training 中的每一个基分类器都要参与预测样本的标签。

第四步：不断重复如下处理，直到没有一个主分类器 C_i，$i=1$，2，…，M 发生改变：

①计算 $e_i(t)$，如前所述 $e_i(t) = \frac{n_i(t) - n_i'(t)}{n_i(t)}$，其中 $n_i(t)$ 是在

第 t 次循环中被 c_i 打标签的来源于数据集 U 的样本数，而 $n_i'(t)$ 是被正确打标签的样本数。然而无法估计未标记样本的分类误差，因为我们并不知道数据集 U 中样本的真实标签，而只知道数据集 L 的，基于无标签样本集与有标签样本集所持分布相同的假设，我们来估计 $e_i(t)$ 。

②如果 $e_i(t) < e_i(t-1)$ ，对于任何样本 x 来说，只要 c_i 打出的标签超过阈值 θ ，那么这个样本就可以被加入集合 $L_i(t)$ 中。

③如果 $|L_i(t-1)| < |L_i(t)|$，那么就有两种情况：情况一，$e_i(t)|L_i(t)| < e_i(t-1)|L_i(t-1)|$，主分类器 C_i 将被 $L_i \cup L_i(t)$ 重新训练，并且 $L_i(t-1)=\left\lfloor \dfrac{e_i(t)}{e_i(t)-e_i(t-1)}+1 \right\rfloor$，如果 $L_i(t-1)=0$；情况二，$|L_i(t-1)| > \dfrac{e_i(t)}{e_i(t-1)-e_i(t)}$，那么 $L_i(t)$ 中 $|L_i(t)|-s_i$ 个样本要被移除，其中 s_i 用式（7.8）计算得到，然后主分类器将被重新训练。

第五步：得到数据集 L 和测试集的最终识别率，计算方式如同第三步所示。

M-training 算法的整个学习过程是自动完成，不需人工干预，好处是高效、成本低，但可能带来的问题是无标签样本的类别在第一步时可能被误判，从而导致加入有标签训练集后，误导分类器（因分类器用了错误标签的数据进行训练）。对此 tri-training 和 M-training 都从数学角度给出了证明，证明因为错误标签数据加入训练导致的不良后果远小于采用该方法后带来的益处。

第二节　迁移学习

当使用机器学习系统进行某些样本非常难获取的应用场景时，可以采用迁移学习的办法来解决问题，迁移学习分为源域和目标域，我们可以让机器学习先在训练样本极易获取的源域学习初始知识，再将知识框架迁移到训练样本难获取的目标域完成对小样本数据集的训练。例如机器嗅觉的毒气检测领域，使用化学试剂可获得很大数目的训练样本，样本非常容易获得，因此可采用迁移学习首先在训练样本充足的毒气检测领域（源域）学习足够的知识，然后借助迁移学习将知识迁移到伤口检测领域（目标域），从而解决训练样本少的难题。在这里我们以 Self-taught（自学习）这种算法为例进行讲解。

自学习是一种较新的机器学习框架，也是一种与人类学习相对应的迁移学习，它的数据迁移源域和目标域数据可以来源于完全不同的领域，例如源域数据是风景画，而目标域数据是动物画，而且源域数据可以是无标签的，这样就实现了同时利用有标签和无标签数据来训练模型。

近年来，自学习在很多领域都有了长足的发展。在训练学习过程中，从无标签的源域样本中构造基向量。然后，这些基向量用于再表达，将目标域的训练数据转换为与源域无标签样本相关的表示。这些新的表示被编入分类任务，以此来提高机器嗅觉的性能。我们将携带稀疏自动编码的自学习算法与分类器（例如 RBF）结合来构建用于分类的机器嗅觉迁移学习系统[58]。

假设现在有 m 个有标签的样本，$\{(x_l^{(1)}, y^{(1)}), (x_l^{(2)}, y^{(2)}), \cdots, (x_l^{(m)}, y^{(m)})\}$，每一个 $x_l^{(i)} \in R^{n^2}$ 表示一个原始的输入特征矩阵，每一个 $y^{(i)} \in \{1, 2, \cdots, C\}$ 是对应的类别标签。同时，我们假设有 k 个无标签样本 $x_u^{(1)}, x_u^{(2)}, \cdots, x_u^{(k)} \in R^{n^2}$。

同时假设，有标签样本和无标签样本没有任何的关联。然后利用稀疏自动编码器从 $x_u^{(1)}, x_u^{(2)}, \cdots, x_u^{(k)} \in R^{n^2}$ 中学习一个基值 θ。它可以用来进行输入训练数据 $x_l^{(1)}, x_l^{(2)}, \cdots, x_l^{(m)}$ 的重新表达，将其转化成一个新的有标签训练集 $\hat{x}_l^{(1)}, \hat{x}_l^{(2)}, \cdots, \hat{x}_l^{(m)}$。这些新的有标签训练集被作为新的输入特征向量输入到分类器中，分类器可以是 RBF 等经典分类器。

1. 稀疏自动编码

(1) 神经网络

稀疏自动编码器是一种采用了反向传播的无监督学习算法，已经被成功地应用于图像识别领域[59-61]。

一个单层的自动编码器[62-63]是一种只存在一个隐含层的神经网络[64-66]。通过把很多简单的神经元结合在一起，就构成了一个神经网络，在本节中，每一个 x_u 是一个神经元。

然后，有一种方式来定义一个复杂的拥有参数 W, b 的非线性形式的假设 $h(x)$ 能够满足数据，最终，对应于一个输入 $x_u \in R^{n^2}$，对应的 x_u 的激活可以表示成：

$$\begin{aligned}
a_1^{(2)} &= f(W_{11}^{(1)} x_1 + W_{12}^{(1)} x_2 + W_{13}^{(1)} x_3 + b_1^{(1)}), \\
a_2^{(2)} &= f(W_{21}^{(1)} x_1 + W_{22}^{(1)} x_2 + W_{23}^{(1)} x_3 + b_2^{(1)}), \\
a_3^{(2)} &= f(W_{31}^{(1)} x_1 + W_{32}^{(1)} x_2 + W_{33}^{(1)} x_3 + b_3^{(1)}), \\
h(x) = a_1^{(3)} &= f(W_{11}^{(2)} a_1^{(2)} + W_{12}^{(2)} a_2^{(2)} + W_{13}^{(2)} a_3^{(2)} + b_1^{(2)})
\end{aligned} \tag{7.10}$$

其中，$f(\bullet)$ 是 sigmoid 函数：$f(z)=\dfrac{1}{1+\exp(-z)}$，并且 $a_i^{(l)}$ 表示第 l 层的第 i 个单元的激活（输出值），$b_i^{(l)}$ 表示第 l 层的第 i 个单元的偏置，$w_{ij}^{(l)}$ 表示第 $l+1$ 层的第 i 个单元和第 j 个单元的连接权值的偏置。

可将式（7.10）更简单地表示为：

$$a^{(l)}=f(W^{(l-1)}x+b^{(l-1)}) \tag{7.11}$$

其中，$a^{(l)}$ 是第 l 层的激活向量，$W^{(l-1)}$ 是 $a^{(l)}$ 的权值矩阵，$b^{(l-1)}$ 是 $a^{(l)}$ 的偏置向量。更一般的，定义一个方程：

$$z_i^{(l)}=\sum_{j=1}^{n}W_{ij}^{(l-1)}a_j^{(l-1)}+b_i^{(l-1)} \tag{7.12}$$

因此有 $a_i^{(l)}=f(z_i^{(l)})$，对于一个包含 p 层的神经网络来说，它的输出 $h(x)=a^{(p)}$。把从 $a^{(1)}$ 到 $a^{(p)}h(x)$ 计算 $a^{(l)}$ 的过程称为反向传播（BP）。

在经过反向传播计算后，将 $w_{ij}^{(l)}$ 和 $b_i^{(l)}$ 的值初始化到 0 附近，然后采用与反向传播结合的梯度下降算法作为优化算法。成本函数（cost function）定义：

对于每一个样本来说有 $J(W,b;x,y)=\dfrac{1}{2}\|h(x)-y\|^2$，因为有 k 个无标签样本，因此，总成本函数可以重新写成如下形式：

$$\begin{aligned}J(W,b)&=\left[\frac{1}{k}\sum_{i=1}^{k}J(W,b;x^{(i)},y^{(i)})\right]\\&\quad+\frac{\mu}{2}\sum_{l=1}^{p-1}\sum_{i=1}^{s_l}\sum_{j=1}^{s_l+1}(W_{ji}^{(l)})^2\\&=\left[\frac{1}{k}\sum_{i=1}^{k}(\frac{1}{2}\|h(x)-y\|^2)\right]\\&\quad+\frac{\mu}{2}\sum_{l=1}^{p-1}\sum_{i=1}^{s_l}\sum_{j=1}^{s_l+1}(W_{ji}^{(l)})^2\end{aligned} \tag{7.13}$$

其中，μ 控制两个部分的相对重要性。在此设置 $\mu = 3 \times 10^{-3}$，目标是最小化 $J(W, b)$，通过反复实施批处理梯度下降，以降低成本函数 $J(W, b)$。一次批量梯度下降迭代过程如下：

第一步：对于所有 l，有 $\nabla W^{(l)} := 0$，$\nabla b^{(l)} := 0$（零矩阵或者零向量）。

第二步：对于 $i=0$ 到 k，首先使用反向传播计算 $\nabla W^{(l)} J(W, b; x, y)$，$\nabla b^{(l)} J(W, b; x, y)$。然后设置：

$$\begin{aligned} \Delta W^{(l)} &:= \Delta W^{(l)} + \nabla_{W^{(l)}} J(W, b; x, y) \\ \Delta b^{(l)} &:= \Delta b^{(l)} + \nabla_{b^{(l)}} J(W, b; x, y) \end{aligned} \tag{7.14}$$

第三步：将参数转化为：

$$\begin{aligned} W^{(l)} &:= W^{(l)} - \alpha\left[\frac{1}{k}\Delta W^{(l)} + \mu W^{(l)}\right] \\ b^{(l)} &:= b^{(l)} - \alpha\left[\frac{1}{k}\Delta b^{(l)}\right] \end{aligned} \tag{7.15}$$

其中，α 是学习率。在第二步中，通过反向传播计算偏导数是至关重要的，详细信息如下：

（a）对于 p 层（输出层）的每个单元 i，设置：

$$\delta^{(p)} = -(y - a^{(p)}) \cdot f'(z^{(p)}) \tag{7.16}$$

其中 $\delta^{(p)}$ 被定义成是神经网络的激活与真实目标值之间的差距。

（b）对于 $l = p-1, p-2, \cdots, 2$，设置：

$$\begin{aligned} \delta^{(l)} &= [(W^{(l)})^T \delta^{(l+1)}] \cdot f'(z^{(l)}) \\ f'(z^{(l)}) &= a^{(l)}(1 - a^{(l)}) \end{aligned} \tag{7.17}$$

（c）计算偏导数：

$$\begin{aligned} \nabla_{W^{(l)}} J(W, b; x, y) &= \delta^{(l+1)} (a^{(l)})^T \\ \nabla_{b^{(l)}} J(W, b; x, y) &= \delta^{(l+1)} \end{aligned} \tag{7.18}$$

值得注意的是，反向传播并不是那么容易调试和正确的。在正确的代码中有：

$$\nabla_{W^{(l)}} J(W,\ b) = \frac{1}{k}\Delta W^{(l)} + \mu W^{(l)}$$
$$\nabla_{b^{(l)}} J(W,\ b) = \frac{1}{k}\Delta b^{(l)} \tag{7.19}$$

如果这个式（7.19）满足，那么就证明确实得到了对的微分。实际中，定义 θ 是一个展开参数 W，b 的向量。这样，当给出一个方程 $g(\theta) = \frac{dJ(\theta)}{d\theta}$，然后就可以通过式（7.20）验证其是否正确：

$$g(\theta) \approx \frac{J(\theta + \epsilon) - J(\theta - \epsilon)}{2\epsilon} \tag{7.20}$$

实际中，设置 ε 是一个围绕 10^{-4} 的小常数。

（2）自动编码器和稀疏

到目前为止，已经描述了自动编码器神经网络的工作过程，但是只使用了未标记的训练数据集，引入了一种结合 BP 的自动编码器神经网络。

自动编码器试图学习一个验证函数，该函数强制执行 $h(x) \approx x$，这也就意味着：$y_u^{(i)} = x_u^{(i)}$。

图 7.1 所示是一个小型的自动编码器，目标是让输出 $\hat{x}$ 逼近 x，为了实现这个目标，在普通神经网络上设置了约束条件。

当神经网络被给定一个输入 x，让 $a_j^2(x)$ 表示隐藏单元的输出。下一步就是计算第 j 个隐藏单元的平均输出。

$$\widehat{\rho_j} = \frac{1}{k}\sum_{i=1}^{k}\left[a_j^{(2)}(x^{(i)})\right] \tag{7.21}$$

施加约束：$\hat{p}_j = p$ 其中，p 是一个稀疏参数，其值接近于零。本章

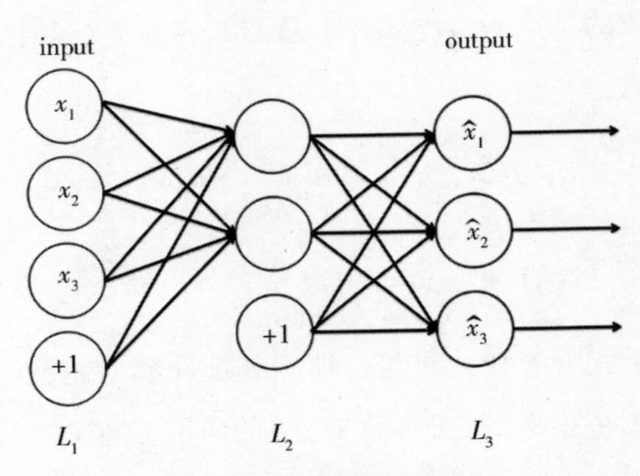

图 7.1 小型自动编码器

中设置其值为 0.01。j 是神经网络的整个隐藏单元的总数。根据上述两个方程，准备在式（7.13）的基础上完成总的代价函数：

$$J_{sparse}(W, b) = J(W, b) + \beta \sum_{j=1}^{s_2} KL(\rho \,||\, \hat{\rho_j}) \qquad (7.22)$$

其中，β 的值在本章中是 3，用来控制稀疏惩罚部分的权重。s_2 代表的是隐藏层节点的个数。就像式（7.22）所示，KL-divergence 被用来作为惩罚部分，其定义是 $KL(p|\hat{p}_j) = p\log\frac{p}{\hat{p}_j} + (1-p)\log\frac{1-p}{1-\hat{p}_j}$。到目前为止，KL-divergence 被用来满足约束，同时，将 KL-divergence 合并到微分计算过程中，可以将式（7.17）改变成：

$$\delta^{(2)} = \left([(W^{(2)})^T \delta^{(3)}] + \beta(-\frac{\rho}{\hat{\rho_j}} + \frac{1-\rho}{1-\hat{\rho_j}}) \right) \cdot f'(z^{(2)}) \qquad (7.23)$$

其他步骤跟神经网络的算法是一样的，然后在新的目标 $J_{spare}(W, b)$ 运行梯度下降算法，而且仍使用微分检查方法来验证代码。这个算法会导致输出 a_u 稀疏化，换句话说，输出的大部分元素为零。同时，学习得到了基础向量 θ（将参数 W，b 展开成一个长向量），θ 也是 x_u 和 x_l 的基础。

2. 构建新的表示

到目前为止，已经得到了一组基础的向量 θ（参数 $W^{(1)}$，$W^{(2)}$，$b^{(1)}$，$b^{(2)}$ 的集合），这个向量可以用来构建一个新的有标签数据的集合 $\hat{x}_l^{(1)}$，$\hat{x}_l^{(2)}$，…，$\hat{x}_l^{(m)} \in R^{n^2}$。对于每一个样本点 $\hat{x}_l^{(i)}$ 有：

$$\widehat{x_l^{(i)}} = f[W^{(2)} f(W^{(1)} x_l^{(i)} + b^{(1)}) + b^{(2)}] \quad (7.24)$$

重建过程减少了标记数据和未标记数据之间的差异，并从不同的领域传递知识。这些新特性可以被送进很多分类器。

第三节 主动学习

在人类的学习过程中，常利用已有的经验学习新知识，同时又依靠获得的知识来总结和积累经验，经验与知识不断交互，这就是主动学习。机器学习中的主动学习，模拟人类学习的过程，利用已有的知识训练出模型去获取新的知识，并通过不断积累的信息去修正模型，以得到更加准确有用的新模型。不同于被动学习，主动学习能够选择性地获取知识，主动学习通过一定的算法查询最有用的无标签样本，并交由专家进行标记，然后用查询到的样本训练分类模型来提高模型的精确度。

对于机器嗅觉系统而言，训练阶段所获得样本数量一般情况下要小于其用于实测后遇到的样本数量，可探究从实测样本获取知识，从而完成机器嗅觉知识库的更新。

主动学习采用委员会技术，委员会成员本质上就是分类器，与用于预测样本类别的分类器一样，是用相同的数据集训练得到的。

在遇到实测样本后，分类器预测给出类别标签，同时委员会开始投票决定这个实测样本可否用来更新它们的知识库（也就是加入训练集，进行所有分类器的重新训练），具体的有两种不同的办法做出决定，第一种根据投票结果的差异性，如果差异性大，说明该样本存在很大争议，也可认为该样本的知识没被掌握，如果掌握以后再遇到类似样本，识别率就会上去；另外一种办法根据投票结果的相同性，如相同性高，那这个样本就不被用于学习。不论是差异性还是相同性，都有具体的数学公式，两种办法本质相同，但各有侧重，也可以将这两种评价方式结合，我们在发表的一篇论文中提出了一种改进的委员会制度，见本书参考文献［67］。虽然在文献［67］中的主动学习中，对有价值无标签数据的贴标签过程需要人工干预，但相较于识别率提升，是可接受的。

委员会查询算法（query by committee，QBC）的处理程序是在同一个数据集上训练委员会，利用委员会对未标记的样本进行投票，然后选择最不一致的样本作为候选样本提交标签。系统图如图 7.2 所示。该方法可用于在训练集中添加大量的样本，计算复杂度相对较低，学习速度快，可以使用很少的训练样本来达到分类精度。

用 L 表示有标签数据集并且其尺寸是 $|L|$，用 A 表示无标签数据集其尺寸是 $|A|$。委员会中有 M 个成员，记作 c_i，$i=1, 2, \cdots, M$，其中 M 是一个正整数。这些委员已经被用来自数据集 L 的样本进行了训练，在 QBC 的学习过程中，这些委员会成员被调用来预测来自集合 A 的样本的标签类别。集合 A 中的某个样本是否能被打标签并添加到集合 L 中依靠委员会对其类别的同意程度，即关于其标签，委员会成员的决策差异程度超过一个阈值 θ，那么这个样本连同其标签（人工给出）一起被加入集合 L 中，这个过程一直循环，直

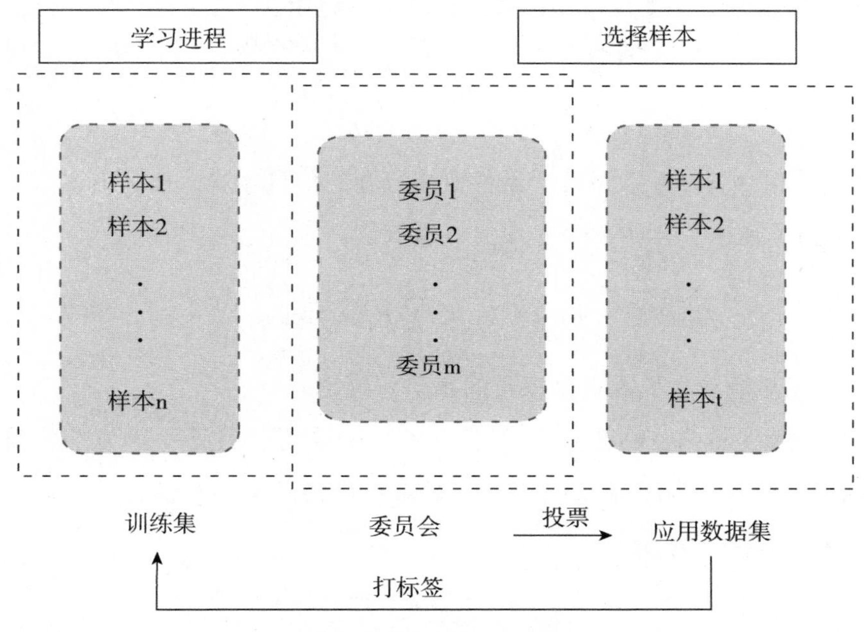

图 7.2　QBC 处理过程

到达到停止的条件。

QBC 法将两个或两个以上的训练分类器组合成一个“委员会”，然后委员会成员对未标记的样本进行投票，并选择“最不一致的”样本作为用于标记的候选样本。根据投票结果的“最不一致”原则，目前 QBC 方法有两种主要的差异性测量方法：

①McCallun 和 Nigam 在文献［68］中提出的一种测量委员会成员投票差异性的方法，这就是相对熵，也被称为 Kullback-Leibler 差异（Kullback-Leibler divergence，KL-d）。其投票差异 $D(e_i)$ 计算方式如式（7.25）所示：

$$D(e_i)=\frac{1}{K}\sum_{m=1}^{k}D[P_m(C\mid e_i)\parallel P_{avg}(C\mid e_i)] \tag{7.25}$$

其中，$P_m(C\mid e_i)$ 代表样本 e_i 被标记为类别 C，$P_{avg}(C\mid e_i)$ 代表委员会

所有成员的类别条件概率的值，这个值可以用式（7.26）计算得到：

$$P_{avg}(C \mid e_i) = \frac{\sum_{m} P_m(C \mid e_i)}{K} \tag{7.26}$$

其中，$D(\bullet \parallel \bullet)$ 表示两个条件概率分布的信息测量，计算方式如式（7.27）所示（用 $P_1(C)$，$P_2(C)$ 做例子）：

$$D[P_1(C) \parallel P_2(C)] = \sum_{j=1}^{|C|} P_1(c_j)\log\left[\frac{P_1(c_j)}{P_2(c_j)}\right] \tag{7.27}$$

相对熵越大，委员会成员的投票差异越大。

②Argamon-Engelson 在文献［69］中采用了另外一种方法，被称为投票熵（vote entropy，VE），其衡量投票的不一致性，计算公式可表示为式（7.28）：

$$D(e_i) = -\frac{1}{\log\min(K,\ |C|)}\sum_{c}\frac{V(c,\ e)}{K}\log\left[\frac{V(c,\ e)}{K}\right] \tag{7.28}$$

其中，$V(c,\ e)$ 代表委员会投票给样本 e 认为它是类别 c 的成员个数。投票熵越大，委员会成员之间的投票差异就越大。

第八章

深度学习在机器嗅觉中的应用

深度学习作为近年来一种非常热的智能学习算法，引起了很多研究者的关注，常被用来进行图像语义分割、自然语言处理等复杂的模式识别工作。在本书作者将深度学习网络引入到机器嗅觉中时发现，系统的识别率并没有太显著的提升，分析认为可能是训练集的规模不够大，无法充分发挥出深度学习的优势。但在机器嗅觉领域，能够获得大规模训练集的应用场景比较少，如何在训练集规模不大的情况下也能利用深度学习发展的红利呢？这就是本章介绍的深度森林算法，该算法构建的森林具备深度的理念，同时对于训练集的规模要求不高。

第一节　何为深度森林

为了更好地描述深度森林算法在机器嗅觉中的应用，先来了解一下何为深度森林。目前为大家所熟知的深度学习算法是神经网络算法，除此之外还有没有别的途径实现深度学习呢？通过分析神经网络算法的特点，南京大学周志华教授提出了深度森林算法（gcForest)[70]。众所周知，深度神经网络算法的基础是单个神经元，即单层感知机，其工作原理在此不再赘述。深度神经网络算法有 3 个主要的特征：能逐层处理数据、在模型内能进行特征变换以及模型有足够的复杂度。基于以上 3 个特点，周志华教授在探究用其他方式进行深度学习的过程中，发现可以用决策树集成的“森林”来进行深度学习。

第二节　深度森林与决策树以及随机森林的对比

1. 决策树

深度森林算法是由决策树构成的，好比深度神经网络是由单个神经元（单层感知机）构成的。决策树是一个预测模型。它代表的是对象属性与对象值之间的一种映射关系。树中每个节点表示某个对象，每个分叉路径则代表着某个可能的属性值，而每个叶结点则对应从根节点到该叶节点所经历的路径所表示的对象的值。决策树仅有单一输出，若欲有复数输出，可以建立独立的决策树以处理不同输出。从数据产生决策树的机器学习技术叫作决策树学习，通俗点说就是决策树。构建决策树目前有 3 种基本的算法：

①ID3 算法：利用信息增益进行特征选择。

②C4.5 算法：使用信息增益率进行特征选择，克服了信息增益选择特征的时候偏向于特征个数较多的不足。

③CART 算法：使用基尼指数来选择属性。

2. 随机森林

随机森林是通过集成学习的思想将多棵树集成的一种算法，它的基本单元是决策树，而它的本质属于机器学习的一大分支——集成学习方法。随机森林的名称中有两个关键词，一个是“随机”，一个是“森林”。从直观角度来解释，每棵决策树都是一个分类器，对于一个输入样本，N 棵树会有 N 个分类结果。而随机森林集成了所有的分类投票结果，将投票次数最多的类别指定为最终的输出。随机森林有很多特点：

①有较高的准确率。

②能够有效地处理大量数据。

③能够处理具有高维特征的输入样本，而且不需要降维。

④能够评估各个特征在分类问题上的重要性。

⑤在生成过程中，能够获取到内部生成误差的一种无偏估计。

⑥对于缺省值问题也能够获得很好的结果。

随机森林中有许多的分类树，要将一个输入样本进行分类，需要将输入样本输入到每棵树中进行分类，其中的每棵树都是独立的。比如说森林中召开会议，讨论一个水果到底是苹果还是梨子，每棵树都会发表自己的意见，有的认为它是苹果，有的认为它是梨子，该水果到底是苹果还是梨要依据投票情况来确定，获得票数最多的类别就是森林的分类结果。分类的具体过程如下：

①如果训练集的大小是 N，对于每棵树，随机有放回地从训练集中抽取 N 个样本作为每棵树的训练集。

②如果每个样本的特征维度为 H，制定一个常数 $h<H$，随机地从 H 中选取 h 个特征子集，这时每棵树分裂，h 个特征就是最优的。

③每棵树都最大限度地生长，且没有剪枝过程。

这里会有两个问题：为什么要随机抽样和为什么要有放回地抽样。首先如果不进行随机抽样，每棵树的训练集都一样，那么最终训练出的树分类结果也是完全一样的。如果不是有放回地抽样，那么每棵树的训练样本都是不同的，都是没有交集的，而构建森林的目的就是希望“求同”，即根据其中大部分决策树做出的相同分类来确定最终的分类。随机森林的分类效果与两个因素有关：森林中任意两棵树的相关性越大，整体的错误率越大；每棵树的分类能力越强，整体错误率越低。

第三节　深度森林的结构

1. 级联森林

深度神经网络的表示学习主要依赖于对原始数据的逐层处理，由此出发，深度森林算法采用了级联结构，其中每个级别的级联接受由上一级处理的特征信息，并将处理结果输入到下一个级联。结构如图 8.1 所示。

在这其中每个层次都是决策树森林的集合，同时使用不同的森林来确保其多样性，图 8.1 中使用的是两个完全随机森林和两个随机森林，其中每个森林有 500 棵树。给定一个实例，每个森林将通过计算相关实例在叶节点上不同的训练示例百分比，得出类分布估计，再在同一森林内部进行平均。估计的类分布形成一个类向量，然后与原始特征向量连接起来一起输入下一个级联，例如，假设有

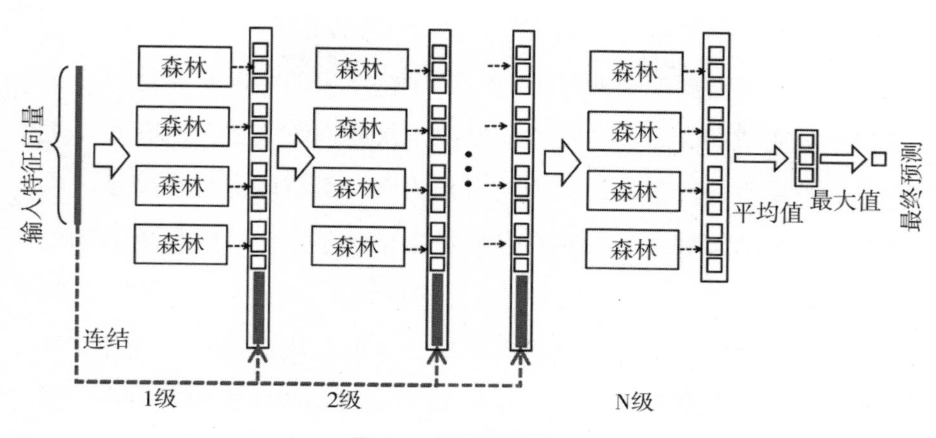

图 8.1　级联森林结构

三个类，那么四个森林中每个都会产生一个三维向量，因此下一级级联将接受 12 维增强特征。另外为了减少过拟合的风险，每个森林都是用 k 折交叉验证来产生类向量。示意图如图 8.2 所示。

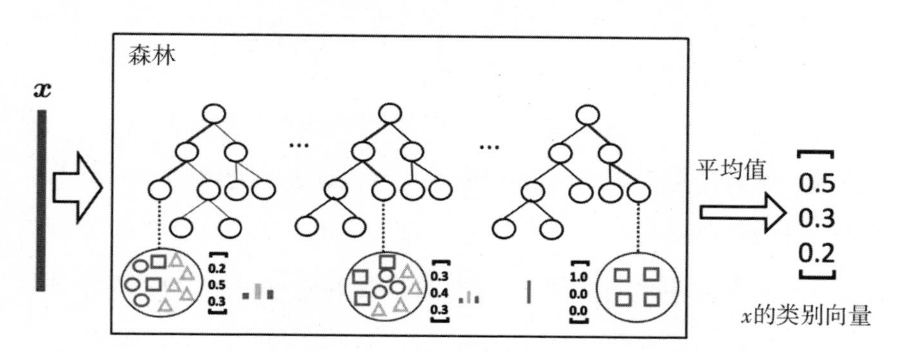

图 8.2　级联实例

在这里，此算法采用类向量的最简单形式，即相关实例陷入的叶节点的类分布。显然，如此少量的增强特征提供的增强信息是非常有限的，当原始特征向量是高维时，它很可能被忽略掉。这样一个简单的特征增强已经是有益的，可以猜想如果涉及更多的增强功能，可以获得更多的增益。实际上，此算法可以包含更多的功能如表示先验分布的父节点的类分布、表示互补分布的兄弟节点等。

为了降低过度拟合的风险，每个森林产生的类向量是通过 k 折交叉验证生成的。每个实例将作为 $k-1$ 次的训练数据，生成 $k-1$ 类向量，然后平均产生最终的类向量作为下一级级联的增广特征。在扩展一个新的级联之后，将在验证集上估计整个级联的性能，如果性能提高不显著，那么训练将终止。级联级别的数量是自动确定的。当训练成本或可用的计算资源有限时，还可使用训练错误代替交叉验证错误来控制级联增长。gcForest 能自适应地决定模型复杂度，能适时终止训练。这使它能够适用于不同规模的训练数据，而不限于大规模训练数据。

2. 多粒度扫描

深度神经网络在处理特征关系方面非常强大，受此启发，可以用多粒度扫描的方法来增强级联森林。

如图 8.3 所示，滑动窗口用于扫描原始特征。假设有 400 个原始特征，并且使用 100 个特征的窗口大小。对于序列数据，一个 100 维的特征向量将通过滑动一个特征的窗口生成总共 301 个特征向量。如果原始特征具有空间关系，例如图像像素是 400 的 20×20 平面，则一个 10×10 窗口将产生 121 个特征向量（即 121 个 10×10 平面）。从正/负训练实例中提取的所有特征向量都被视为正/负实例，它将被用来生成类向量，从相同大小的窗口中提取的实例将被用来训练一个完全随机的森林和一个随机森林，然后生成类向量并作为转换特征连接。如图所示，假设有 3 个类，并且使用了一个 100 维窗口，然后，301 个三维窗口每个森林都产生了类向量，得到了一个 1806 维转换特征向量，对应于原始的 400 维原始特征向量。

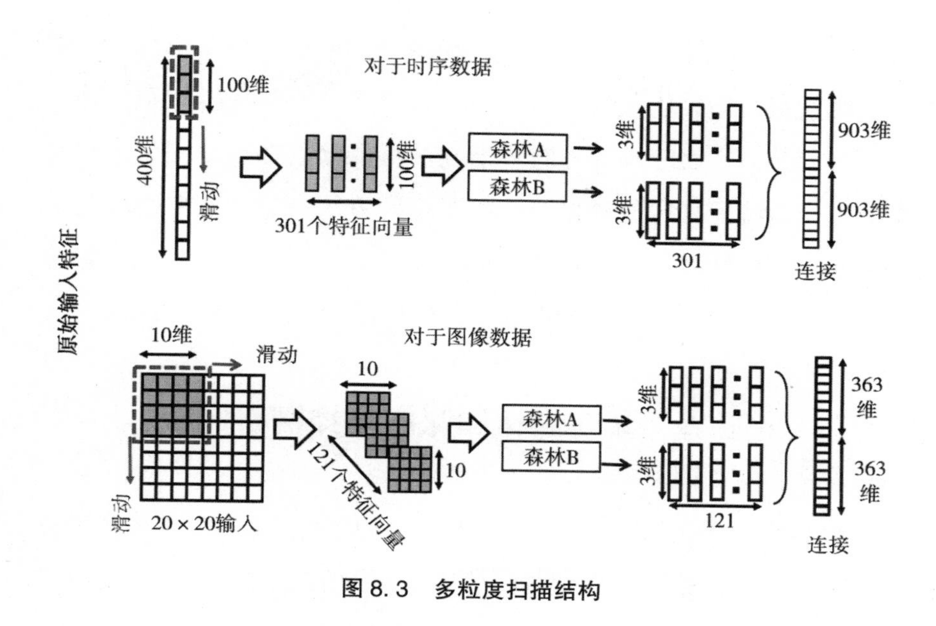

图 8.3 多粒度扫描结构

图 8.3 只显示了一个大小的滑动窗口，通过使用多个大小的滑动窗口，将生成不同的粒度特征向量，如图 8.4 所示。

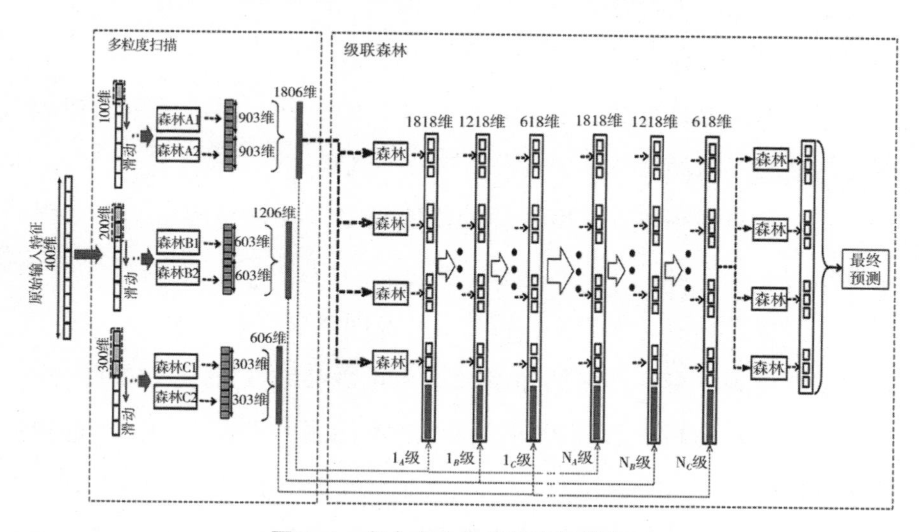

图 8.4 多个大小的多粒度扫描窗口

当转换的特征向量太长而无法容纳时，可执行特征采样。如通过对滑动窗口扫描生成的实例进行次采样，因完全随机树不依赖于特征分割选择，而随机森林对不准确的特征分割选择是相当不敏感的。这样的特征采样过程也与随机子空间方法有关，该方法代表了用于集成多样性增强的输入特征操作。

第四节　深度森林和深度神经网络比较

神经网络应用广泛，有很多优势，但同时不可避免地有很多的缺陷：第一，要求大量的训练数据；第二，深度神经网络的计算复杂度很高，需要大量的参数，尤其是有很多超参数（hyper-parameters）需要优化，比如网络层数、层节点数等，所以神经网络的训练需要在进行数据训练之前进行很多准备工作；第三，深度神经网络目前最大的问题是缺少理论解释。

对于深度森林算法，它算是集成学习的一种，相比于深度神经网络的缺陷，深度森林算法有自己独特的优势：

①对于某些领域，深度森林的性能较之深度神经网络具有很强的竞争力。

②深度森林所需参数少，较深度神经网络更容易训练。

③深度森林有少得多的超参数，并且对参数设置不太敏感，在几乎完全一样的超参数设置下，在处理不同领域的数据时，也能达到极佳的性能。

④深度森林对于数据量没有要求，在小数据集上也能获得很好的性能。

⑤深度森林训练过程效率高且可扩展，适用在并行的部署时，其效率高的优势就更为明显。

第五节　深度森林在处理机器嗅觉数据中的应用实例

近年来，经典的机器嗅觉分类器似乎遇到了提高速度和准确性的瓶颈。分类器在机器嗅觉系统中起着重要的作用。本实例我们用深度森林方法来提高机器嗅觉性能。当数据量较小时，深度森林比通常的深度学习方法表现得好得多，特别是它具有较少的超参数的优点使其更容易地训练。我们使用深度森林来训练机器嗅觉，以区分 4 种不同类型的伤口（未感染和感染绿脓杆菌、大肠杆菌、金黄色葡萄球菌）。在数据处理过程中，比较了深度森林对分类精度的性能，将深度森林与传统的机器嗅觉分类器（SVM、RBF、LDA 和 ELM）进行比较，结果表明，当使用 gcForest 作为分类器时，机器嗅觉的分类精度较高。

数据处理过程：以 SD（Sprague-Dawley）雄性大鼠为实验对象，将 20 只 SD 大鼠随机分为 4 个个体组成一组（每组 5 只），这些大鼠 6~8 周龄，体重 225~250g。然后随机选择其中一组作为对照组，另外三组分别感染绿脓杆菌、大肠杆菌和金黄色葡萄球菌。麻醉后，每只大鼠后腿做小切口（约 1cm 长）。我们将 100μL 的细菌溶液（10^9 CFU/mL 绿脓杆菌、大肠杆菌或金黄色葡萄球菌）分别插入感染组的上述伤口。同时，对照组给予相同量的生理盐水（0.9%NaCl 溶液）。在 72h 后对大鼠进行进一步实验。三种病原体繁殖过程中的代谢产物见表 8.1。

表 8.1 伤口感染中的病原体及其代谢产物

	代谢产物
绿脓杆菌	丙酮酸、2-壬酮、2-癸酮、甲苯、1-壬烯、2-氨基苯乙酮、酯类、二甲基二硫醚、2-庚酮、甲基酮、二甲基三硫醚、丁醇、2-丁烯酮、硫化合物、ISO 戊醇、异丁醇、乙酸异戊酯
大肠杆菌	乙醇、癸醇、十二烷醇、甲硫醇、1-丙醇、吲哚、甲基酮、乳酸、琥珀酸、甲酸、丁二醇、二甲基二硫、辛醇、二甲基三硫、乙醛、甲醛、乙酸、氨基苯乙酮、戊醇
金黄色葡萄球菌	异丁醇、乙酸异戊酯、乙醇、氨、1-丁烯、甲基酮、2-甲基胺、2，5-二甲基吡嗪、异戊胺、三甲胺、甲醛异戊醇、氨基乙烯酮、乙酸

最后，我们将其性能与 4 种典型的机器嗅觉分类器（ELM、RBF、SVM 和 LDA）进行比较，以评估深度森林的性能，结果见表 8.2。比较分类器的性能，深度森林（表 8.2 中的 gcForest 列）的结果优于其他 4 种分类器。

表 8.2 不同分类器的识别精度

单位:%

	gcForest	ELM	RBF	SVM	LDA
测试精度	98.75	95	93.75	95	88.75
训练准确性	98.73	97.47	96.2	96.2	92.4

第九章

宽度学习在机器嗅觉中的应用

目前，深度神经网络已经在许多领域中得到了应用，并且在处理大规模数据上取得了突破性成就。然而，虽然深度神经网络结构处理数据的能力很强，但是它也存在着一些不足的地方，一方面，深度神经网络训练过程会极度耗时，会增加训练的时间成本，另一方面，深度神经网络有着复杂的网络结构并且会涉及大量的超参数，这导致在理论上分析深层结构变得极其困难。近年来，以提高训练速度为目的的深度网络得到了广泛的关注，许多科研工作者在思考是否能找到一种能够代替深度学习的方法。2018 年，澳门大学的陈俊龙教授和其学生在 *IEEE Transactions on neural networks and learning system* 上发表了一篇关于宽度学习的文章，在此之后，宽度学习走进了我们的视野。

第一节　宽度学习

宽度学习网络是基于随机向量函数连接神经网络的思想，由陈俊龙等人首先提出[71]。宽度学习具有与复杂的深度神经网络不同的，简单的平面网络结构。宽度学习的结构如图 9.1 所示。宽度学习首先通过随机权值和偏置将原始输入数据映射为映射特征，并存储在特征节点中。然后，通过相似的随机权值和偏置将特征节点扩展为增强节点。最后，将所有特征节点和增强节点进行水平连接，输入到网络中。输入与输出之间的连接权值可以通过岭回归算法得到。具体推导过程如下：

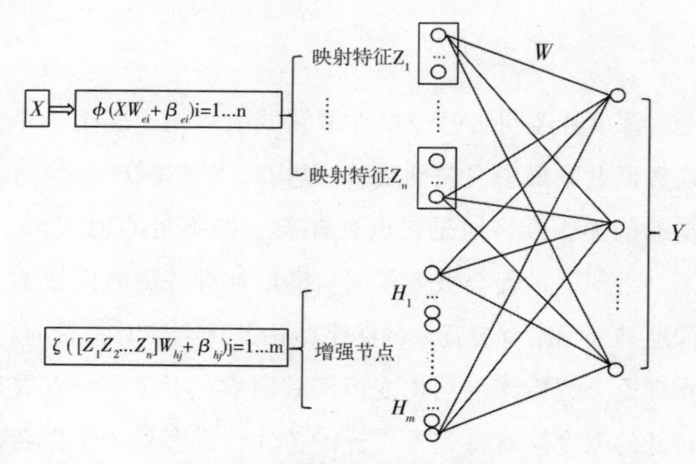

图 9.1 宽度学的网络结构

假设输入数据为 X，第 i 个映射特征 Z_i 的生成方式如式（9.1）所示：

$$Z_i = \phi_i(XW_{ei} + \beta_{ei}) \tag{9.1}$$

其中，W_{ei} 和 β_{ei} 是随机生成的权重和偏置，ϕ_i 是一个线性的激活函数。我们用 $Z^i = [Z_1, Z_2, \cdots, Z_i]$ 来表示前 i 个映射特征的横向链接。然后对网络进行横向拓展，生成增强节点，第 j 个增强节点生成如式（9.2）所示：

$$H_j = \xi_j(Z^i W_{hj} + \beta_{hj}) \tag{9.2}$$

其中，W_{hj} 和 β_{hj} 是随机生成的权重和偏置，通常需要一个好的特征表示来获得更好的回归预测结果。在生成特征节点的过程中，权重和偏置是随机产生的。然而，随机性是不可预测的。为了克服随机性的本质，使用稀疏自编码器对随机生成的 W_{ei} 和 β_{ei} 进行微调，这是由于稀疏特征学习模型可以探索数据最本质的特征。

对此，假设宽度学习网络中有 n 组特征映射和 m 组增强映射，每组特征映射和增强映射分别产生 p 个和 q 个节点。然后将从宽度学习中获得的特征表示为式(9.3)：

$$A = [Z^n \mid H^m] \in R^{N\times(np\times mq)} \tag{9.3}$$

因此，宽度学习网络的输出 Y 可以表示为式（9.4）：

$$Y = AW \tag{9.4}$$

其中，W 是宽度学习网络的连接权值，因此，W 的计算公式如式（9.5）所示：

$$W = A^+ Y \tag{9.5}$$

其中，A^+ 是从宽度学习网络中获取的特征矩阵 A 的伪逆矩阵。为了对 W 进行求解，在这里使用了岭回归算法，将上述式（9.5）转化为式（9.6）的凸优化问题：

$$\arg\min_W \| AW - Y \|^2 - \lambda \| W \|^2 \tag{9.6}$$

上述公式中的第二项进一步限制了权重 W，λ 是正则化系数。最后，可以得到式（9.7），W 可以由式（9.7）计算得出：

$$W = (\lambda I + AA^T)^{-1}A^TY \tag{9.7}$$

其中，$A^+ = \lim_{\lambda\to 0}(\lambda I + AA^T)^{-1}A^T$，$I$ 是单位矩阵。

归结起来，宽度学习网络运行的基本步骤如下：

第一步：输入机器嗅觉的训练数据，分别对稀疏正则化参数 C 和映射特征矩阵的收缩参数 S 进行设置。

第二步：设置特征节点和增强节点的遍历的范围，开始遍历，然后，随机产生 W_{ei} 和 β_{ei}，然后通过式（9.1）来计算第 i 个特征映射，并将生成的映射节点进行横向连接，形成特征映射组 Z^i 。

第三步：随机产生 W_{hj} 和 β_{hj} ，并通过式（9.2）来计算第 j 个增强节点，然后将生成的增强节点组进行横向连接得到 H^m 。

第四步：将生成的特征映射组和增强节点组进行水平连接，形成宽度学习模型的实际输入 $A=[Z^n \mid H^m]$ ，然后利用岭回归算法来计算 A^+ ，最后由式（9.7）得到宽度学习网络的输出权值 W。

在上述宽度学习网络结构中，增强节点的形成与特征节点的连接是同步进行的。同时，宽度学习网络还可以通过将每个映射特征组连接到一组增强节点来构建。假设输入数据为 X，模型分别有 m 个映射特征和 n 个增强特征，从而可以得式(9.8)：

$$Y=[Z_1, \xi(Z_1W_{h1}+\beta_{h1}) \mid \cdots Z_n, \xi(Z_nW_{hn}+\beta_{hn})]W \quad (9.8)$$

其中, Z_i 由式（9.1）得到，模型结构如图 9.2 所示。从文献［71］中可知这两种构造方法是等价的。

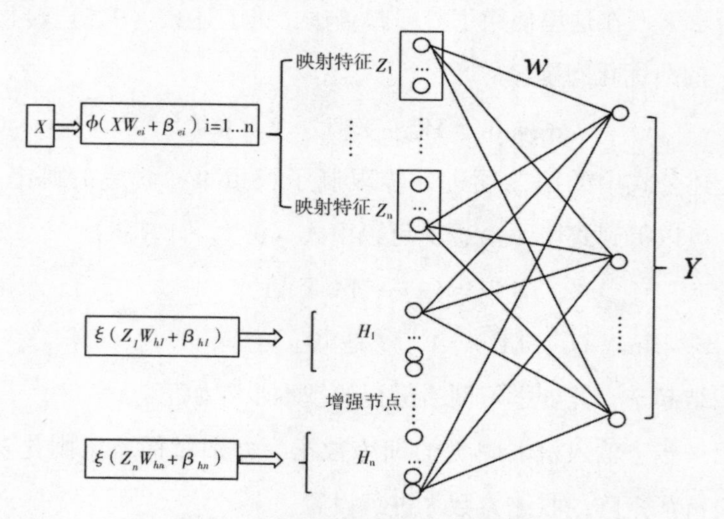

图 9.2 宽度学习网络的第二种构造形式

第二节　宽度学习在处理机器嗅觉数据中的应用实例

宽度学习网络将输入数据的映射特征和增强特征结合起来，形成新的特征矩阵，作为网络的实际输入。这样做的好处是：一方面可以在数据中提取更多有代表性的特征，使回归预测结果更好；另一方面可以对高维（甚至无限维）数据进行处理，使模型具有更好的数据处理能力。因此，可以将宽度学习网络用于对机器嗅觉数据的分类和回归分析。

宽度学习网络的结构比较简单，相比于其他的数据分析算法，在训练速度上有较大的优势，在训练快的同时，也有着不错的准确率。在对甲烷和乙烯的混合气体做回归分析的时候，使用宽度学习网络进行分析处理，并与传统的回归预测算法——线性回归（LR）、BP 神经网络、支持向量机（SVM）和极限学习机（ELM）等进行比较，结果见表 9.1。

表 9.1　不同算法的回归预测结果

单位:%

	LR	BPNN	LSSVM	ELM	BLS
训练集	3.75	0.18	0.35	1.00	0.23
测试集	4.25	1.24	1.75	2.17	0.47

可以发现，宽度学习网络在回归预测上有不错的效果。综上来看，宽度学习网络在处理机器嗅觉数据上，有很好的效果，是一种值得使用的数据分析方法。

第十章

基于嵌入式平台的机器嗅觉解决方案

第一节　为什么要在嵌入式平台运行机器嗅觉系统

嵌入式平台的专用性很强，其中的软件系统和硬件的结合非常紧密，一般针对硬件系统进行系统的移植，即使在同一品牌、同一系列产品中也需要根据系统硬件的变化和增减不断地进行修改，同时针对不同的任务，往往需要对系统进行较大更改，程序的编译下载要和系统相结合。嵌入式平台可以灵活地定制，与通用型计算机系统相比，嵌入式系统功耗低、可靠性高；功能强大、性价比高；实时性强、支持多任务；占用空间小，效率高；面向特定应用，可根据需要灵活定制。同时，嵌入式平台的小体积、高可靠能够满足恶劣环境下的便携虚拟仪器的需要。

第二节　基于 K210 的机器嗅觉解决方案

1. K210 简介

K210 是由国内公司嘉楠科技基于 RISC-V 架构进行研发设计，

可根据业务场景需求扩展基础指令，具备较强的可编程能力。同时，K210 具备机器听觉与机器视觉两种能力，可以灵活适配人脸识别、目标检测、语音唤醒及识别等场景，是国内 ASIC 领域为数不多保持一定通用性的芯片。作为嘉楠科技自主研发的边缘侧 AI 芯片，K210 兼具高能耗比和灵活性，详细信息可查看其官网：https：//canaan-creative. com/product/kendryteai。

2. 基于 k210 的机器嗅觉硬件方案

K210 的功耗仅有 0.3W，典型设备功耗是 1W，算力可达到 1TOPS。另外芯片自带 SRAM 和离线数据库，可在设备本地完成数据的处理和存储。其最大的亮点是自主研发了核心神经网络加速器 KPU，可本地便捷运行多种神经网络模型。

在基于 K210 搭建机器嗅觉的系统时，传感器的响应输出首先经过 AD 模块，由模拟信号转换成数字信号，然后将 AD 模块的输出接到 K210 开发板的 IO 引脚，如果搭建的机器嗅觉系统采用泵吸式的工作方式，那么可用 K210 开发板连接继电器模块，控制气泵工作，同时，如果涉及气路的切换（如纯净空气与目标气体的切换），可用 K210 开发板连接继电器模块，控制三通电磁阀完成，K210 开发板可同时连接两个继电器控制模块，分别控制气泵和电磁阀。

3. 基于 K210 的机器嗅觉算法方案

（1）算法开发需要用到的工具

首选需要准备一台电脑，最好是深度学习工作站，具备一定的 CPU 或 GPU 运算能力，操作系统可以是 Windows 或者是 Linux（如 Ubuntu 操作系统），安装 Python 开发环境，安装 TensorFlow 工具包。

（2）神经网络构建——Keras

Keras 是一个由 Python 编写的开源人工神经网络库，可以作为 TensorFlow、Microsoft-CNTK 和 Theano 的高阶应用程序接口，进行深度学习模型的设计、调试、评估、应用和可视化。

（3）在 K210 部署机器学习的流程和用到的工具

本节为了方便介绍具体的操作流程，采用了一个公开数据集作为待处理的数据——pima 印第安人糖尿病数据集，数据集的下载地址如下：

https：//download.csdn.net/download/kyrie001/11608977? ops_ request_ misc =% 257B% 2522request% 255Fid% 2522% 253A% 2522161777293016780274176142% 2522% 252C% 2522scm% 2522% 253A% 252220140713.130102334.pc%255Fall.%2522%257D&request_ id = 161777293016780274176142&biz_ id = 1&utm_ medium = distribute.pc_ search_ result.none-task-download-2~all~first_ rank_ v2~rank_ v29-2-11608977.first_ rank_ v2_ pc_ rank_ v29&utm_ term =%E7%9A%AE%E9%A9%AC%E4%BA%BA%E7%B3%96%E5%B0%BF%E7%97%85%E6%95%B0%E6%8D%AE%E9%9B%86

该数据集中的样本不同于图像识别的矩阵形式，而是向量型，这一点与机器嗅觉的数据类似，这也是我们选择该数据集作为示例的原因。该数据集中每个样本的维数是 8 维，类别标签是 0 或者 1，选取前 600 个样本作为训练集，剩余的 168 个样本作为测试用，其中 600 个训练样本中，标签为 1 的样本有 200 个左右，剩余的是标签为 0 的样本。本项目的模型构建基于电脑端，操作系统是 Windows

10，语言是 Python 3，采用 Pycharm 集成开发环境，其中用到的 TensorFlow 版本是 2.4.1，采用的是 Keras 实现神经网络的构建，具体网络结构是一个输入层、三个隐含层和一个输出层，其中输出层采用 softmax 函数，给出样本的预测结果（0 或者 1），输出格式是 tflite 的模型。第二步是利用 ncc 工具将 tflite 模型转化成可以在 K210 的 KPU 运行的 kmodel 格式，这里需要准备 ncc 工具、生成用于校准模型的 raw 文件夹，里面包含 600 个训练样本转化得到的二进制文件。第三步是编写可在 K210 运行的 main.py 文件，实现的功能是加载模型，获得数据，进行分类，在屏幕显示分类结果。

第一步是训练模型，并且将训练好的模型转化为 tflite 格式的模型文件，名字是“model.tflite”。该步骤在电脑的 Windows 10 操作系统中的 Python 3 完成，以下是具体的程序代码：

```
import tensorflow as tf
import numpy as np
dataset1 = np.loadtxt ( " pima-indians-diabetes.csv",
delimiter="," )
# 对数据进行归一化处理
" " "
def maxminnorm (array):
    maxcols = array.max (axis=0)
    mincols = array.min (axis=0)
    data_ shape = array.shape
    data_ rows = data_ shape [0]
    data_ cols = data_ shape [1]
```

```
    t = np.empty ( (data_ rows, data_ cols) )
    for i in range (data_ cols):
        t [:, i] = (array [:, i] - mincols [i] ) /(max-
        cols [i] - mincols [i] )
    return t
" " "
#数据是 8 维
X = dataset1 [:, 0: 8]
Y = dataset1 [:, 8]
#取前 600 个样本作为训练集
train_ x = X [0: 600, ]
train_ y = Y [0: 600, ]
#取后面 168 个样本作为测试集
test_ x = X [600: 768, ]
test_ y = Y [600: 768, ]
# 创建模型，一个输入层，三个隐含层，一个输出层
model = tf.keras.models.Sequential ( [
     tf.keras.layers.Dense ( units = 8, activation =
     tf.nn.relu, input_ dim=8),
     tf.keras.layers.Dense ( units = 8, activation =
tf.nn.relu),
     tf.keras.layers.Dense ( units = 4, activation =
tf.nn.relu),
     tf.keras.layers.Dense ( units = 4, activation =
tf.nn.relu),
```

```
    tf.keras.layers.Dense (units = 2, activation =
tf.nn.softmax)
])
# Compile model 编译模型
model.compile (optimizer=tf.keras.optimizers.Adam
(learning_ rate=0.001),
                    loss = tf.keras.losses.sparse _
categorical_ crossentropy,
            metrics= ['accuracy'] )
# Fit the model 优化模型
model.fit (train_ x, train_ y, batch_ size=5, epochs
=2000)
# 模型转化为 tflite 格式
converter = tf.lite.TFLiteConverter.from _ keras _
model (model)
converter.experimental_ new_ converter = True
tflite_ model = converter.convert ()
open ('model.tflite,'wb') .write (tflite_ model)
# evaluate the model 测试模型
scores = model.evaluate (test_ x, test_ y)
print (scores)
```

第二步是模型格式的转化，也就是将模型从 tflite 格式转化成能在 K210 运行的 kmodel 格式，要完成格式转化，首先是要准备用于在模型转化过程起校正作用的数据集，这个数据集一般就是训练集，但是文件要转化成二进制浮点数。以下是详细的相关规定，因本项目的数据不是图片，在-inference-type 处选择了 unit8，然后就要在-dataset 这里提供一个文件夹，如-dataset raw，然后在 raw 里面准备二进制浮点数文件，注意一个训练样本是一个浮点数文件，不用包含类别信息，本项目一共 600 个训练样本，因此 raw 文件夹里面有 600 个二进制浮点文件。然后因为数据不是图片，因此在-dataset-format 里面选择 raw（默认是 image）。

以下程序是将训练数据转化为二进制浮点型数据：

```
import numpy as np
import os
dataset = np.loadtxt (" data.csv", delimiter=",")
train_ x = dataset [:, 0: 8]
train_ y = dataset [:, 8]
for i in range (600):
    data = train_ x [i]
     data.astype (np.float32) .tofile (" test _ %
d.bin" % i)
```

接下来准备转化所需要的软件。首先下载 nncase 软件，解压后为 nnc. exe，然后准备一个支持运行神经网络模型的固件（maixpy_ v0. 6. 2_ 44 _ gd9dc6c58c _ openmv _ kmodel _ v4 _ with _ ide _ support），并下载烧写固件的软件 kflash。然后将固件通过 kflash 软件烧写入 K210，最后转化模型：首先将生成的二进制文件夹 raw 和生成的模型文件 tflite 放在 nnc. exe 同一路径下，然后在 Windows 10 环境下打开 cmd，并通过 cd 命令到 ncc 的位置。最后，使用如下命令实现对模型的转化：

```
ncc compile model.tflite test.kmodel -i tflite -o kmodel -t k210 --dataset raw --dataset-format raw
```

第三步在 K210 上测试模型，具体代码如下：

```
#因为要在 k210 的屏幕上显示结果，因此加载 lcd 模块
import lcd
#KPU 是 k210 自带的用于运行神经网络的模块，因此必须加载
import KPU as kpu
#屏幕初始化
lcd.init ()
#加载 kmodel 模型
task = kpu.load (" /sd/test.kmodel" )
#测试模型是否加载成功，如成功会返回模型地址和模型尺寸
lcd.draw _ string (1, 1, str (task), lcd.RED, lcd.BLACK)
#加载一个测试样本
data = [7.0, 137.0, 90.0, 41.0, 0.0, 32.0, 0.391, 39.0]
#V4 模型 kmodel 需要用下面的代码来设置神经网络的输出层结构，V3 模型的 kmodel 不用，#生成 V3 还是 V4 版本的 kmodel 由 ncc
```

决定，V3 版本的 kmodel 效果不如 V4 版本。

```
a=kpu.set_ outputs (task, 0, 2, 1, 1)
while True:
    fmap = kpu.forward (task, data)      #run neural
network model
    plist=fmap [:] #get result (2 probability)
    print (plist)
    pmax=max (plist)                     #get max proba-
bility
    max_ index=plist.index (pmax)   #get the label
(0 或者 1)
lcd.draw_ string (100, 150,"% d: % .3f "% (max _
index, pmax), lcd.WHITE, lcd.BLACK)
```

第三节　基于树莓派的机器嗅觉解决方案

1. 树莓派简介

树莓派由注册于英国的慈善组织“Raspberry Pi 基金会”开发。2012 年 3 月，英国剑桥大学埃本 · 阿普顿（Eben Epton）正式发售世界上最小的台式机，又称卡片式电脑，外形只有信用卡大小，却具有电脑的所有基本功能，这就是 Raspberry Pi 电脑板，中文译名“树莓派”。它是一款基于 ARM 的微型电脑主板，以 SD 卡为内存硬盘，卡片主板周围有两个 USB 接口和一个网口，可连接键盘、鼠标和网线，同时拥有视频模拟信号的电视输出接口和 HDMI 高清视频输出接口，以上部件全部整合在一张仅比信用卡稍大的主板上，具备所有 PC 的基本功能，只需接通电视机和键盘，就能执行如电子表格、文字处理、玩游戏、播放高清视频等诸多功能。

2. 基于树莓派的机器嗅觉硬件方案

树莓派提供了足够使用的 IO 接口，可以满足机器嗅觉的开发需要，具体的气体传感器、AD 模块、继电器控制模块、气泵和电磁阀的连接方式可参考 K210 部分。本书中使用的是树莓派 4B 4G 版本。

3. 在树莓派部署机器学习的流程

不同于 K210，树莓派可以安装操作系统，可运行完整版的 Python，因此在树莓派上部署已经在电脑端训练好的模型，操作步骤要简单一些，具体如下：

（1）模型训练过程

首先，在电脑端的 Python 中依次安装下列包：

```
sudo pip3 install keras_ applications
sudo pip3 install kears_ preprocessing
sudo pip3 install h5py
sudo pip3 install pybind11
```

然后，安装 TensorFlow，对应命令如下所示：

```
pip3 install --user --upgrade tensorflow
```

环境搭建好之后，开始训练自己的模型。我们仍使用 Keras 构建神经网络模型，具体命令如下所示：

```
model = tf.keras.models.Sequential ( [
    tf.keras.layers.Dense (units = 10, activation =
tf.nn.relu, input_ dim=8),
    tf.keras.layers.Dense (units = 8, activation =
tf.nn.relu),
    tf.keras.layers.Dense (units = 6, activation =
tf.nn.relu),
    tf.keras.layers.Dense (units = 4, activation =
tf.nn.relu),
    tf.keras.layers.Dense (units = 2, activation =
tf.nn.softmax)
] )
```

最后，将训练后的模型 model 格式转化为 tflite 格式。

（2）模型测试阶段

第一步：在树莓派上安装 TensorFlow lite，首先查看树莓派上 Python 3 的版本，通过 Python 3 的版本下载对应版本的软件包，如图 10.1 所示：

树莓派用 Linux（ARM32）版本，根据自己的 Python3 版本下载对应 .whl 文件。例如 Python 3.7 就下载 tflite_ runtime-2.1.0.post1-cp37-cp37m-linux_ armv7l.whl。手动下载或者使用下列语句下载：wget https://dl.google.com/coral/python/tflite_ runtime-2.1.0.post1

官网网址：https://tensorflow.google.cn/lite/guide/python

平台	Python	网址
Linux (ARM 32)	3.5	https://dl.google.com/coral/python/tflite_runtime-2.1.0.post1-cp35-cp35m-linux_armv7l.whl
	3.6	https://dl.google.com/coral/python/tflite_runtime-2.1.0.post1-cp36-cp36m-linux_armv7l.whl
	3.7	https://dl.google.com/coral/python/tflite_runtime-2.1.0.post1-cp37-cp37m-linux_armv7l.whl
	3.8	https://dl.google.com/coral/python/tflite_runtime-2.1.0.post1-cp38-cp38-linux_armv7l.whl
Linux (ARM 64)	3.5	https://dl.google.com/coral/python/tflite_runtime-2.1.0.post1-cp35-cp35m-linux_aarch64.whl
	3.6	https://dl.google.com/coral/python/tflite_runtime-2.1.0.post1-cp36-cp36m-linux_aarch64.whl
	3.7	https://dl.google.com/coral/python/tflite_runtime-2.1.0.post1-cp37-cp37m-linux_aarch64.whl
	3.8	https://dl.google.com/coral/python/tflite_runtime-2.1.0.post1-cp38-cp38-linux_aarch64.whl
Linux (x86-64)	3.5	https://dl.google.com/coral/python/tflite_runtime-2.1.0.post1-cp35-cp35m-linux_x86_64.whl
	3.6	https://dl.google.com/coral/python/tflite_runtime-2.1.0.post1-cp36-cp36m-linux_x86_64.whl
	3.7	https://dl.google.com/coral/python/tflite_runtime-2.1.0.post1-cp37-cp37m-linux_x86_64.whl

图 10.1 Python3 对应的 TensorFlow lite 版本

-cp37-cp37m-linux_ armv7l. whl

下载完成之后，用下列方式进行安装：

sudo pip3 install tflite_ runtime-2.1.0.post1-cp37-cp37m-linux_armv7l.whl

安装完毕后，在终端打开 Python 3 进行测试：

import tflite_ runtime. interpreter as tflite

如果上述语句没有报错，则说明安装成功！

第二步：测试模型，具体测试代码如下：

```
import tflite_ runtime.interpreter as tflite
import numpy as np
model_ file = " /home/pi/Desktop/model.tflite"
# load model
interpreter = tflite.Interpreter (model_ path =
```

```
model_ file)
    # storage allocation
    interpreter.allocate_ tensors ()
    input_ details = interpreter.get_ input_ details
()
    output_ details = interpreter.get_ output_ de-
tails ()
    # test model
    input_ shape = input_ details [0]  ['shape'] #
input data shape
    data = [ [2, 122, 70, 27, 0, 36.8, 0.340, 27] ] #
label=0
    input_ data = np.array (data, dtype=np.float32)
    # input
    interpreter.set_ tensor (input_ details [0]  ['in-
dex'], input_ data)
    # run model
    interpreter.invoke ()
    # output
    output_ data = interpreter.get_ tensor (output_
details [0] ['index'] )
    print (output_ data)
```

参考文献

[1] 骆德汉. 仿生嗅觉原理系统及应用 [M]. 北京：科学出版社，2012.

[2] 殷勇. 嗅觉模拟技术 [M]. 北京：化学工业出版社，2005.

[3] J W Gardner，P N Bartlett. A brief history of electronic nose [J]. Sensors and Actuators B：Chemical，1994 (18)：211-215.

[4] 傅中君，周根元，陈鉴富. 金属氧化物气体传感器的非线性处理方法 [J]. 传感技术学报，2013 (09)：1188-1192.

[5] N Dossi，R Toniolo，A Pizzariello，et al. An electrochemical gas sensor based on paper supported room temperature ionic liquids [J]. Lab on A Chip，2012 (12)：153-158.

[6] M H Seo，M Yuasa，T Kida，et al. Gas sensing characteristics and porosity control of nano structured films composed of TiO2 nanotubes [J]. Sensors and Actuators B：Chemical，2009 (137)：513-520.

[7] T Stoycheva，S Vallejos，C Blackman，et al. Important considerations for effective gas sensors based on metal oxide nano needles films [J]. Sensors and Actuators B：Chemical，2012 (161)：406-413.

[8] C Lim，W Wang，S Yang，et al. Development of SAW-based multi-

gas sensor for simultaneous detection of CO_2 and NO_2 [J]. Sensors and Actuators B: Chemical, 2011 (154): 9-16.

[9] 吴维明. 导电高分子聚吡咯传感器研究 [D]. 杭州: 浙江大学生物医学工程与仪器科学学院, 2004.

[10] W S Jia, M N Li, Y L Wang, et al. Application of electronic nose technology on the detection of fruits and vegetables [J]. Journal of Food Safety & Quality, 2016: 410-418.

[11] A C Romain, J Nicolas. Long term stability of metal oxide-based gas sensors for e-nose environmental applications: an overview [J]. Sensors and Actuators B: Chemical, 2010 (146): 502-506.

[12] P F Jia, F C Tian, Q H He, et al. Feature extraction of wound infection data for electronic nose based on a novel weighted KPCA [J]. Sensors and Actuators B: Chemical, 2014 (201): 555-566.

[13] K Brudzewski, S Osowski, W Pawlowski. Metal oxide sensor arrays for detection of explosives at sub-parts-per million concentration levels by the differential electronic nose [J]. Sensors and Actuators B: Chemical, 2012: 528-533.

[14] F Sarry, M Lumbreras. Evaluation of a commercially available fluorocarbon gas sensor for monitoring air pollutants [J]. Sensor and Actuators B: Chemical, 1998 (47): 113-117.

[15] C M Mcentegart, W R Penrose, S Strathmann, et al. Detection and discrimination of coliform bacteria with gas sensor arrays [J]. Sensors and Actuators B: Chemical, 2000 (70): 170-176.

[16] B T Marquis, J F Vetelino. A semiconducting metal oxide sensor array for the detection of NO_x and NH_3 [J]. Sensors and Actuators

B：Chemical，2001（77）：100-110.

[17] 王磊，曲建玲，杨建华. 发展中的电子鼻技术［J］. 测控技术，1999（18）：8-10.

[18] 胥勋涛. 医用电子鼻关键技术研究［D］. 重庆：重庆大学，2009.

[19] I Daubechies. Ten lectures on wavelets［C］. Society for Industrial and Applied Mathematics，1992.

[20] S G Mallat. Theory for multiresolution signal decomposition：the wavelet representation［J］. IEEE Transactions on Pattern Analysis and Machine Intelligence，1989（11）：674-693.

[21] A Zsetkus，A Kancleris，R Olekas，et al. Qualitative and quantitative characterization of living bacteria by dynamic response parameters of gas sensor array［J］. Sensors and Actuators B：Chemical，2008，130（1）：351-358.

[22] F Solis，R Wets. Minimization by random search techniques［J］. Mathematics of Operations Research，1981，6（1）：19-30.

[23] D E Johnson. Applied multivariate methods for data analysis［J］. Beijing：Higher Education Press，2005：93-111.

[24] S Haykin. Neural networks. Prentice-Hall，Englewood Cliffs，NJ，1999.

[25] H Zheng，W Shen，Q Dai，et al. Learning nonlinear manifolds based on mixtures of localized linear manifolds under a self-organizing framework［J］. Neurocomputing，2009（72）：3318-3330.

[26] 刘天舒. BP 神经网络的改进研究及应用［D］. 哈尔滨：东北农业大学，2011.

[27] 刘彩红. BP 神经网络学习算法的研究 [D]. 重庆：重庆师范大学, 2008.

[28] D E Rumelhart, G E Hinton, R J Williams. Learning representation by BP errors [J]. Nature, 1986 (7): 64-70.

[29] 卢金秋. 数据挖掘中的人工神经网络算法及应用研究 [D]. 杭州：浙江工业大学, 2005.

[30] 王永骥，涂健. 神经元网络控制 [M]. 北京：机械工业出版社, 1999.

[31] 王丽霞. 基于 BP 和 RBF 神经网络的光伏最大功率跟踪对比研究 [D]. 汕头：汕头大学, 2007.

[32] T Poggio, F Girosi. A theory of networks for approximation and learning. technical report ATM. Artifical Intelligence Laboratory and Center for Biological Information Processing, Whitaker College, Massachusetts Institute of Technology, 1989.

[33] S Chen, C F N Cowan, P M Grant. Orthogonal least squares algorithm for radial basis function network [J]. IEEE Transactions on Neural Networks, 1991, 2 (2): 302-308.

[34] 周志华. 机器学习 [M]. 北京：清华大学出版社, 2016: 121-139.

[35] A J Smola, B Schölkopf. A tutorial on support vector regression. Statistics and computing, 2004, 14 (3): 199-222.

[36] 李航. 统计学习方法 [M]. 北京：清华大学出版社, 2012: 95-135.

[37] J Friedman, T Hastie, R Tibshirani. The elements of statistical learning [J]. New York, NY: Springer, 2001, 1 (10): 417-438.

[38] J Kennedy, R C Elbert. Particle swarm optimization. In Proceedings of the IEEE International Conference on Neural Networks, Perth,

WA, USA, 27 November-01 December 1995: 1942-1948.

[39] Y Shi, R C Eberhart. A modified particle swarm optimizer. In Proceedings of the IEEE International Conference on Evolutionary Computation, Anchorage, AK, USA, 4-9 May 1998: 69-73.

[40] Y Shi, R C Eberhart. Empirical study of particle swarm optimization. In Proceedings of the Congress on Evolutionary Computation, Washington, DC, USA, 6-9 July 2000: 1945-1950.

[41] 孙俊，方伟，吴小俊. 量子粒子群优化算法优化原理及其应用[M]. 北京：清华大学出版社，2011.

[42] P F Jia, S Duan, J Yan. An enhanced quantum-behaved particle swarm optimization based on a novel computing way of local attractor [J]. Information, 2015, 6 (4): 633-649.

[43] A H Gandomi, A H Alavi. Krill herd: a new bio-inspired optimization algorithm [J]. Communications in Nonlinear Science and Numerical Simulation, 2012, 17 (12): 4831-4845.

[44] J Sun, B Feng, W Xu. Particle swarm optimization with particles having quantum behavior [J]. Proceedings of Congress on Evolutionary Computation, 2004 (1): 325-331.

[45] J Sun, W Chen, W Fang, et al. Gene expression data analysis with the clustering method based on an improved quantum-behaved particle swarm optimization [J]. Engineering Applications of Artificial Intelligence, 2012 (25): 376-391.

[46] V C Mariani, A R K Duck, F A Guerra, et al. A chaotic quantum-behaved particle swarm approach applied to optimization of heat exchangers [J]. Applied Thermal Engineering, 2012 (42): 119-128.

[47] P F Jia, F Tian, S Fan, et al. A novel sensor array and classifier optimization method of electronic nose based on enhanced quantum-behaved particle swarm optimization [J]. Sensor Review, 2014 (34): 304-311.

[48] L Wang, P F Jia, T L Huang, et al. A novel optimization technique to improve gas recognition by electronic noses based on the enhanced krill herd algorithm [J]. Sensors, 2016, 16 (8): 1275.

[49] G G Wang, L Guo, A H Gandomi. Chaotic krill herd algorithm [J]. Information Sciences, 2014 (274): 17-34.

[50] J Fonollosa, S Sheik, R Huerta, et al. Reservoir computing compensates slow response of chemosensor arrays exposed to fast varying gas concentrations in continuous monitoring [J]. Sensors and Actuators B: Chemical, 2015 (215): 618-629.

[51] X F He, D Cai, W L Min. Statistical and computational analysis of locality preserving projection. Machine Learning, Proceedings of the Twenty-Second International Conference (ICML 2005), Bonn, Germany, August 7-11, 2005, DBLP, 2005: 281-288.

[52] X F He, D Cai, S C Yan, et al. Neighborhood preserving embedding. Tenth IEEE International Conference on Computer Vision (ICCV'05) Volume 1, Beijing, China, 17-21 Oct. 2005.

[53] 刘建伟, 刘媛, 罗雄麟. 半监督学习方法 [J]. 计算机学报, 2015 (8): 98-123.

[54] P J Jia, T L Huang, S K Duan, et al. A novel semi-supervised electronic nose learning technique: M-Training [J]. Sensors, 2016, 16 (3): 370.

[55] S Goldman, Y Zhou. Enhancing supervised learning with unlabeled data [J]. In Proceedings of the 17th International Conference on Machine Learning, Stanford, CA, USA, 29 June-2 July, 2000: 327-334.

[56] D Angluin, P Laird. Learning from noise examples [J]. Mach, Learn, 1988 (2): 343-370.

[57] Z H Zhou, M Li. Tri-training: exploiting unlabeled data using three classifiers [J]. IEEE Transactions on Knowledge and Data Engineering, 2005, 17 (11): 1529-1541.

[58] P L He, P F Jia , S Q Qiao, et al. Self-taught learning based on sparse autoencoder for e-nose in wound infection detection [J]. Sensors, 201717 (10): 2279.

[59] J Deng, Z Zhang, E Marchi, et al. Sparse autoencoder-based feature transfer learning for speech emotion recognition [J]. In Proceedings of the Humaine Association Conference on Affective Computing and Intelligent Interaction, IEEE Computer Society: Washington, DC, USA, 2013: 511-516.

[60] D C Plaut, S J Nowlan, G E Hinton. Experiments on learning by back propagation [J]. Artif. Intell., 1986 (16): 1-54.

[61] H Liu, T Taniguchi, T Takano, et al. Visualization of driving behavior using deep sparse autoencoder. In 2014 IEEE Intelligent Vehicles Symposium Proceedings; IEEE: New York, NY, USA, 2014: 1427-1434.

[62] H Leung, S Haykin. The complex backpropagation algorithm [J]. IEEE Trans. Signal Process, 1991 (39): 2101-2104.

[63] H Liu, T Taniguchi, Y Tanaka, et al. Essential feature extraction of

driving behavior using a deep learning method [J]. In Proceedings of the 2015 IEEE Intelligent Vehicles Symposium (IV), Seoul, Korea, 28 June-1 July, 2015: 1054-1060.

[64] M T Hagan, H B Demuth, M Beale. Neural network design [M]. Beijing: China Machine Press, 2002.

[65] H A Rowley, S Balujia, T Kanade. Neural network-based face detection [J]. IEEE Transactions on Pattern Analysis and Machine Intelligence, 1998 (20): 23-38.

[66] D F Specht. A general regression neural network [J]. IEEE Transactions on Neural Networks, 1991 (2): 568-576.

[67] X Jiang, P F Jia, R D Luo, et al. A novel electronic nose learning technique based on active learning: EQBC-RBFNN [J]. Sensors and Actuators B: Chemical, 2017 (249): 533-541.

[68] A McCallum, K Nigam. Employing EM and pool-based active learning for text classification [J]. Fifteenth International Conference on Machine Learning, 1998: 350-358.

[69] S Argamon-Engelson, I Dagan. Committee-based sample selection for probabilistic classifiers [J]. Journal of Artificial Intelligence Research, 2011 (11): 335-360.

[70] Z H Zhou, J Feng. Deep forest: towards an alternative to deep neural networks [J]. National Science Review, 2019, 6 (1): 74-86.

[71] C Chen, Z Liu. Broad learning system: an effective and efficient incremental learning system without the need for deep architecture [J]. IEEE Transactions on Neural Networks and Learning Systems, 2018, 29 (1): 10-24.